U0233083

探寻海洋资源

金翔龙　陆儒德　主编

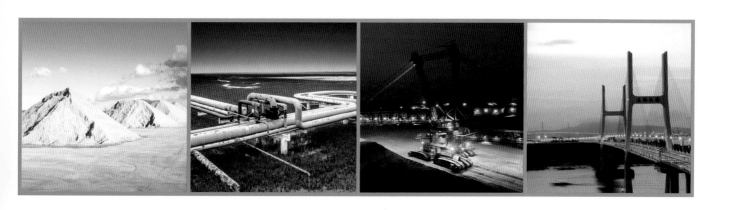

中国出版集团

中译出版社

《走进*海洋*世界》系列图书

目 录

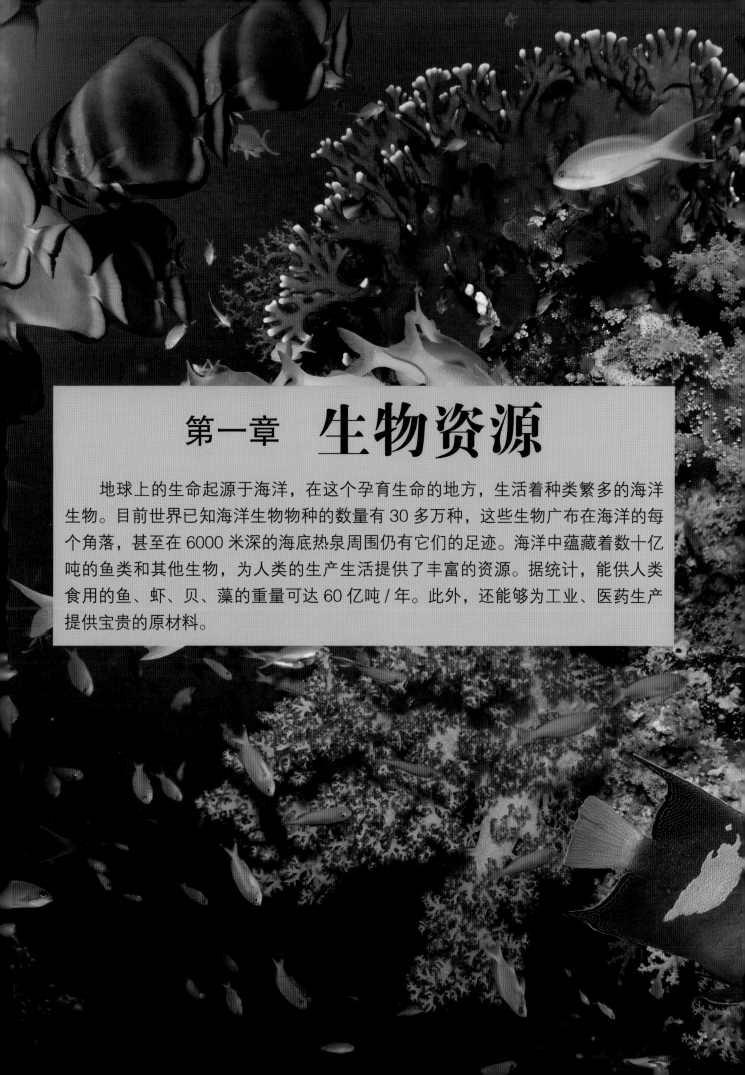

第一章　生物资源

　　地球上的生命起源于海洋，在这个孕育生命的地方，生活着种类繁多的海洋生物。目前世界已知海洋生物物种的数量有 30 多万种，这些生物广布在海洋的每个角落，甚至在 6000 米深的海底热泉周围仍有它们的足迹。海洋中蕴藏着数十亿吨的鱼类和其他生物，为人类的生产生活提供了丰富的资源。据统计，能供人类食用的鱼、虾、贝、藻的重量可达 60 亿吨 / 年。此外，还能够为工业、医药生产提供宝贵的原材料。

蓝色宝藏

在广袤的地球上，陆地面积约为 1.49 亿平方千米，只占地球表面积的 29%，而海洋面积约为 3.61 亿平方千米，占地球表面积的 71%。在海洋里生存着各种生物，蕴藏着占世界石油资源总量 34% 左右的石油，海底表面分布着丰富的矿藏，而波涛汹涌的海水也蕴藏着各种巨大的可再生清洁能量。对人类来说，海洋是一个巨大而神奇的宝库。

认识海洋资源

海洋资源指的是与海水水体及海底、海面本身有着直接关系的物质和能量。包括海水中生存的生物，溶解于海水中的化学元素，海水波浪、潮汐及海流所产生的能量，贮存的热量，滨海、大陆架及深海海底所蕴藏的矿产资源，以及海水所形成的压力差、浓度差等。

海洋资源的分类

海洋资源的分类如表所示：

海洋资源的分类	海洋化学资源	盐类、镁砂、溴素、铀、锂、苦卤、提取淡水
	海洋生物资源	鱼、虾、贝、藻类、海洋药材等
	海洋矿产	石油、天然气、煤、磷、滨海砂矿、多金属结核、海底热液矿、可燃冰
	海洋能源	温差能、波浪能、潮汐能、海流能、盐差能、风能、海洋生物能和海洋地热能
	空间资源	交通运输：海港码头、海底隧道、海上桥梁、海底管道、海上机场
		生产空间：海上电站、人工岛、海上石油城、海洋牧场
		通信电力输送空间：海底电缆、海底光缆
		储藏空间：海底货场、海底仓库、海上油库、海洋废物处理场
		文化娱乐空间：海洋公园、海滨浴场、海上运动区

海洋生物

已知的全球海洋生物有30多万种，随着对海洋认知的深入，还会不断有新的海洋生物被发现。海洋生物可以分为海洋植物和海洋动物，其中海洋植物可以简单地分为藻类植物和种子植物；海洋动物可以分为鱼类，无脊椎动物，两栖类、爬行类、哺乳类动物。

海洋植物

海洋植物种类繁多，形态万千，可简单分为低等的藻类植物（如海带、紫菜等）和高等的种子植物（红树、大叶藻等）。海洋植物在海洋世界中好比"肥沃草原"，既是海洋动物如鱼、虾、蟹、贝、海兽的"天然牧草"，更是人类的"天然牧场"和营养丰富的绿色食品的重要来源，还是用途广泛的工业原料、农业肥料、海洋药物的重要原料。

软体动物

海洋软体动物种类繁多，分布广，有 10 万余种，包括头足类（乌贼、章鱼）、双壳类（牡蛎、扇贝、贻贝）及各种蛤类等。肉味鲜美，又易捕捞和养殖，是人类渔业生产的对象，占世界渔获量的 10% 左右。其中鲍、干贝（扇贝的闭壳肌）等都是珍贵的海产食品。

鱼类

海洋鱼类占世界海洋渔获量的 80%,是最重要的海洋生物,也是主要的海洋生物资源,在海洋渔业中有举足轻重的地位。目前,中国已知的鱼类超过 3000 种,约占世界海洋鱼类的四分之一。海洋鱼类不仅是我们餐桌上的美食,也是重要的工业原料,有些鱼的内脏和某些有毒鱼类的毒素可提取制成各种药物。

甲壳类动物

甲壳类动物因身体外披有"盔甲"而得名,世界上甲壳类动物的种类很多,大约有 2.6 万种之多,包括虾类、蟹类等。虾、蟹等甲壳类动物营养丰富,味道鲜美,具有很高的经济价值。甲壳类动物也被用作"清洁工",它们有助于保持海滩和水质的清洁。

哺乳类动物

海洋哺乳类动物都是由陆上返回海洋的,属于次水生生物。一般包括鲸目、鳍脚目、海牛目的所有动物,以及食肉目的海獭和北极熊。鲸目动物(如鲸、海豚)和海牛目动物(如儒艮、海牛)终生栖息在海里,为全水生生物。

海洋渔业

　　海洋渔业包括海洋捕捞、海水养殖等活动，是人类最早的海洋经济活动之一。现在的海洋渔业已从单一的捕捞发展成养殖、加工、贸易一体化的渔业产业链。中国海水养殖发展迅猛，产量居世界第一。但中国海洋渔业的快速发展也带来了不少问题，因为过度捕捞，特别是幼鱼资源遭到破坏，使得渔业资源出现枯竭的问题，养殖污染也加剧了海洋环境的恶化。

拓展　由甲骨文"渔"字想到的

　　这是甲骨文中的"渔"字，它形象地勾画了手持钓钩或操网捕鱼的情景。中国渔业历史悠久。距今 10000~4000 年前，中国渔民除了用手摸鱼、用棍棒打鱼和用弓箭射鱼外，已发展为用鱼镖叉鱼、用网捕鱼和钓鱼等。宋、元时期已实行大船带小船捕鱼的母子船作业方式，说明捕捞已有相当规模。

休渔制度

　　为了让海洋中的鱼类有充足的繁殖和生长时间，中国规定在特定的时段内禁止在特定的海域内捕捞，以保护鱼类生长，这就是休渔制度。休渔制度使幼鱼得到了有效的保护，对于鱼类种群的恢复有重要的意义。

休闲渔业

　　休闲渔业是把旅游、观光、娱乐、运动等休闲活动与现代渔业方式有机结合起来的新型渔业，是发展低碳渔业的最佳途径。国际上，休闲渔业已逐渐成为现代渔业的支柱性产业。中国休闲渔业的发展始于 20 世纪 90 年代初，首先在广东、福建和浙江兴起。

全球渔业危机

　　世界四大渔场之一的纽芬兰渔场，原来以"踩着鳕鱼群的脊背就可上岸"著称，其盛产的鳕鱼曾养活过欧洲大陆。但 20 世纪五六十年代，人类无视鱼类处于繁殖季节的情况，运用大型机械化拖网渔船夜以继日地作业，使得鳕鱼数量急速下降。虽然实行了 10 年的禁渔令，但直到 2003 年，纽芬兰海域仍如同死水，难见鳕鱼身影，为此，加拿大宣布彻底关闭纽芬兰及圣劳伦斯湾沿海的渔场。

海洋渔场

　　渔场是鱼类或其他水生经济动物密集经过或滞游的具有捕捞价值的水域。中国陆地广阔，入海河流众多，近海大陆架宽广，海流系统复杂，岛礁广布，拥有丰富的海洋渔场。

第一章　生物资源

中国四大渔场

　　黄渤海渔场、舟山渔场、南海沿岸渔场、北部湾渔场由于鱼、虾等产量高，被称为中国的四大渔场。黄渤海渔场主要分布在渤海和黄海；舟山渔场分布在舟山群岛附近海域；南海沿岸渔场分布在广东沿海；北部湾渔场位于北部湾海域。

人工鱼礁和海底森林

　　人工鱼礁和海底森林是海洋渔场的守护者。人工鱼礁是人为在海中设置的构造物，为鱼虾等海洋生物提供繁殖、生长、觅食和避敌的场所。海底森林，即在海底"植树造林"，是对海洋天然藻场和人工藻场的形象称呼。因为这些大型藻类如同陆地上的高大树木一样，所以我们形象地称之为海底森林。

拓展 **为什么它们能成为四大渔场**

　　黄渤海渔场、舟山渔场、南海沿岸渔场、北部湾渔场均位于大陆架地区，海水较浅，光照充足，浮游生物丰富，鱼类饵料充足，又有陆地淡水注入，能够带来陆地上的营养物质。同时，这4个地方都是寒暖流交汇的地方，两种洋流汇合还可以形成"水障"，阻碍鱼类游动，使得鱼群集中，易于形成大的渔场。

舟山渔场

　　舟山渔场是中国最大的近海渔场，是与俄罗斯的千岛渔场、加拿大的纽芬兰渔场、秘鲁的秘鲁渔场齐名的世界级大渔场。舟山渔场面积约为14350平方海里，水产资源丰富，共有鱼类365种。其中，大黄鱼、小黄鱼、带鱼和墨鱼是舟山渔场捕捞量最多的鱼类。

人工养殖

人工养殖是利用浅海、滩涂、港湾、围塘等海域进行饲养和繁殖海产经济动植物的生产方式，是人类定向利用海洋生物资源、发展海洋水产业的重要途径之一。海水养殖的对象主要是鱼类、虾蟹类、贝类、藻类以及海参等其他经济动物。

海参

在地球上已经生存了 6 亿年的名贵海产动物——海参，别名刺参、海鼠、海黄瓜、海茄子，"其性温补，足敌人参"，被视为中餐的灵魂之一。中国海域出产的可以食用的海参有 20 多种，主要产于黄海、渤海海域。

虾类

虾类多为侧扁或圆筒状，头胸部包被头胸甲。虾类全世界共约 3000 种，世界市场上虾类 25% 是由人工养殖供应的。中国、菲律宾、日本都是海水人工养虾非常成功的国家。

海带

海带原产于日本、朝鲜北部的冰冷海洋中，中华人民共和国成立后，从日本引进到大连养殖，基于自然光低温育苗和海带筏式全人工养殖技术的厚实基础，中国海带养殖已经发展为大规模产业，年产量可达 50 万吨，占世界总产量的一半左右，位居世界第一位。

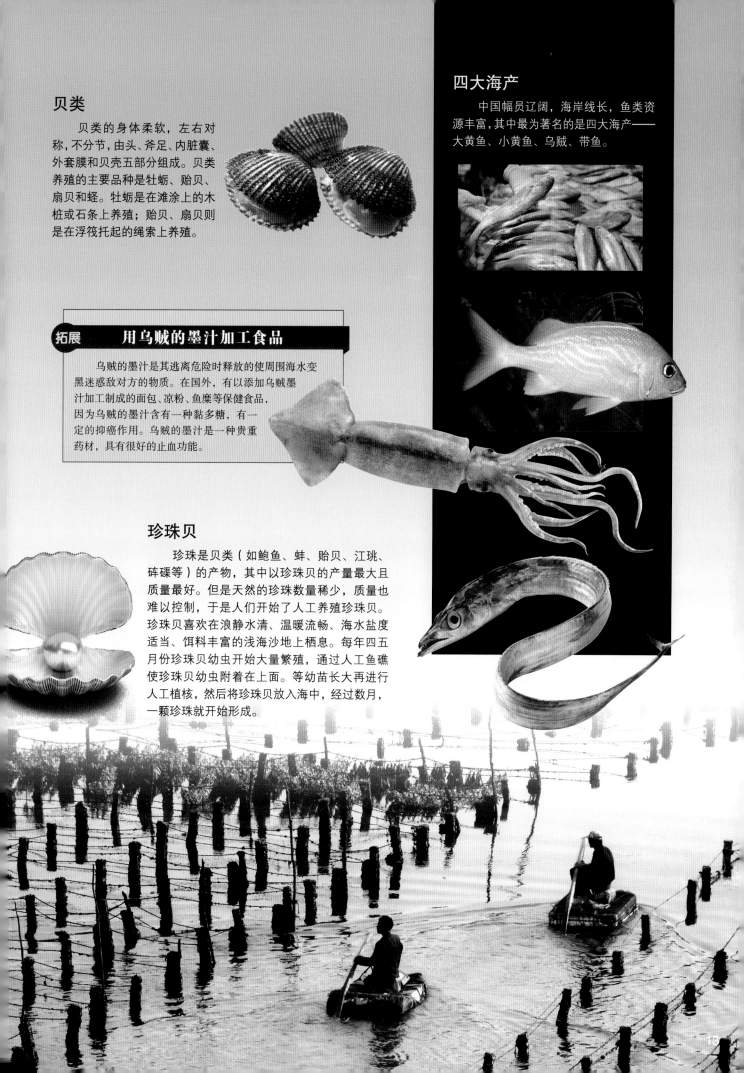

贝类

贝类的身体柔软，左右对称，不分节，由头、斧足、内脏囊、外套膜和贝壳五部分组成。贝类养殖的主要品种是牡蛎、贻贝、扇贝和蛏。牡蛎是在滩涂上的木桩或石条上养殖；贻贝、扇贝则是在浮筏托起的绳索上养殖。

四大海产

中国幅员辽阔，海岸线长，鱼类资源丰富，其中最为著名的是四大海产——大黄鱼、小黄鱼、乌贼、带鱼。

拓展　用乌贼的墨汁加工食品

乌贼的墨汁是其逃离危险时释放的使周围海水变黑迷惑敌对方的物质。在国外，有以添加乌贼墨汁加工制成的面包、凉粉、鱼糜等保健食品，因为乌贼的墨汁含有一种黏多糖，有一定的抑癌作用。乌贼的墨汁是一种贵重药材，具有很好的止血功能。

珍珠贝

珍珠是贝类（如鲍鱼、蚌、贻贝、江珧、砗磲等）的产物，其中以珍珠贝的产量最大且质量最好。但是天然的珍珠数量稀少，质量也难以控制，于是人们开始了人工养殖珍珠贝。珍珠贝喜欢在浪静水清、温暖流畅、海水盐度适当、饵料丰富的浅海沙地上栖息。每年四五月份珍珠贝幼虫开始大量繁殖，通过人工鱼礁使珍珠贝幼虫附着在上面。等幼苗长大再进行人工植核，然后将珍珠贝放入海中，经过数月，一颗珍珠就开始形成。

海洋藻类

　　藻类植物家族庞大，大小悬殊，从显微镜下才能看见的单细胞硅藻、甲藻，到高达几百米的巨藻。海藻（如海带、紫菜、石花菜、龙须菜等）作为美味的食物，营养丰富，有一定的保健作用，所以被誉为"长寿菜"。海藻在中国主要分布在辽宁、山东、福建、浙江、广东等沿海地区。

第一章

生物资源

螺旋藻

　　世界上能够天然生长螺旋藻的湖泊分别是非洲的乍得湖、墨西哥的特斯科科湖、中国的程海湖和哈马太碱湖。最早使用螺旋藻作为食物的是16世纪墨西哥的阿兹特克人，他们从特斯科科湖采摘螺旋藻做成薄饼售卖。螺旋藻具有减轻癌症放疗、化疗的毒副反应，增强免疫功能，降低血脂等功效，被人们作为日常保健品。

红藻

红藻主要生长在热带和亚热带海岸附近，分布广，种类多，常附着于其他植物上。红藻体内含有叶绿素、黄色素和大量藻红素，所以藻体大都呈鲜红、紫红、深红色，色彩十分美丽。红藻可作为食物，比如我们常吃的紫菜就属于海产红藻。红藻还可用于医学、纺织、食品等工业。

海洋巨藻

巨藻是藻类王国中最长的一族。成熟的巨藻一般有70~80米长，最长的可达500米。巨藻是世界上生长速度最快的植物之一，一年内可长到50多米。巨藻原产于北美洲大西洋沿岸，1978年中国科学家从墨西哥引种并获得成功。

海洋微藻生产类胡萝卜素

海洋微藻营养丰富，含有各类生物活性物质和微量元素，是生产类胡萝卜素的最佳来源。类胡萝卜素是广泛存在于自然界的一类天然色素，具有抗炎、抗癌、调节免疫功能等功效，可用于预防心血管疾病和青光眼，还可用作着色剂、色素添加剂。

封闭式光生物反应器是养殖微藻的专用设备。

拓展 **利用海洋藻类吸附重金属离子**

随着工业化进程的加快，人类向环境排放的重金属量日益增多。藻类对重金属吸附和富集能力较强，去除效率高，而且原料廉价易得。对低浓度重金属废水的处理具有其他方法不可替代的独特优势。利用海洋藻类吸附回收重金属离子是目前国内外研究较多的一种处理重金属元素污染的新方法。

海洋牧场

　　海洋牧场是在一个特定的海域，运用海洋生物技术和现代化管理手段，利用自然的海洋生态环境，将人工放流的经济海洋生物聚集起来，像在陆地放牧牛羊一样，对鱼、虾、贝、藻等海洋资源进行有计划和有目的的海上放养。海洋牧场不是普通的养鱼池，它是一个完全遵循自然规律建立起来的海洋生物王国。

海洋实行农牧化

　　随着渔业的发展，世界各国开始重视海洋牧场的开发，海洋渔业已经逐渐从以捕捞为主的传统产业模式，转向高新技术和管理型的渔业生产方式。日本、美国等发达国家的海洋农牧化成绩突出，鲑鱼、鳟鱼放牧已形成一个稳定的产业。中国是海洋大国，实施海洋农牧化工程是符合中国国情的必然选择。

走近海洋牧场

　　中国最大的海洋牧场——獐子岛海洋牧场，位于黄海北部，开发的海洋面积突破 2000 平方千米。海洋牧场既是鱼虾畅游的"海底森林"，也是点石成金的"海底银行"。

中国的海水增养殖业

海水增养殖业是海洋渔业的新兴重点产业，有近海养殖（浅海养殖）和海上养殖（深海养殖）的区分。随着中国的海水增养殖业规模扩大，以及科技含量不断增加，海水养殖呈现多元化发展。中国浅海水域已经建立了成熟的海产增养殖区。

未来的粮食基地

目前，世界范围内可供开发的渔业资源正面临着过度捕捞的威胁，而不断增长的人口数量和对粮食的需求量却呈上升之势，海洋牧场的海产品储量巨大，海洋牧场建设能为解决世界粮食安全提供充分的保障，所以，海洋牧场就是我们未来的粮食基地。

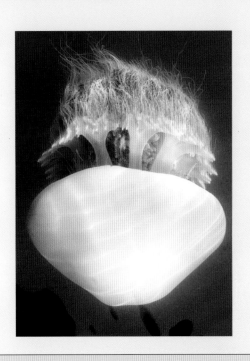

拓展 **世界上第一个海洋牧场**

日本于 1971 年在海洋开发审议会上第一次提出海洋牧场的构想，1977~1987 年开始实施，建成了世界上第一个海洋牧场——日本黑潮牧场。黑潮牧场在建成 20 年后，过去几乎绝迹的大马哈鱼产量已猛增到 5500 吨。

海底田园化

海底田园化是指形成一种鱼、藻混生的局部海区，成为人类耕海牧鱼的田园。在平坦的海底，投放人工构造物或天然大块固体物质，造成类似海底礁石区的自然环境，这种增殖海洋水产资源的方法，叫作人工鱼礁。人们通过设置人工鱼礁实现"海底田园化"。

第二章 药物宝库

　　浩瀚、富饶的海洋是人类生命的摇篮，不仅为人类提供食品、能源和矿产，而且还是人类未来的大药房，目前从海洋生物中能够提制的药品约 2 万种，被称为"药物宝库"。大约在公元前 1 世纪时，中国就开始发现和使用海洋药物，在古籍《神农本草经》中就有海洋生物入药的记载。现代海洋药物开发的主要方法是从海洋生物体内提取活性物质制成药品，主要研究提取能抗癌、抗心脑血管硬化的活性物质。

抗癌药物

当前，癌症、艾滋病、心脑血管疾病已成为人类健康的三大杀手，严重威胁人类生存。特别是癌症，世界上每年死于癌症的人约有 500 万，为了战胜癌魔，世界上的医学专家绞尽脑汁。近年来医学专家把目光转向了海洋生物，发现从许多海洋生物，如蛤、海龟的胆汁、乌贼骨等中能够提取抗癌物质，对血癌（白血病）、肺癌都有一定疗效。

第二章 药物宝库

海洋抗癌药物种类

从 20 世纪 60 年代开始，美国、德国等发达国家就开始研究海洋生物活性成分及功效，发现海洋生物是抗肿瘤活性物质的重要来源，可从海绵、珊瑚、海鞘、海兔、海藻等海洋生物中分离得到大量抗肿瘤活性物质。海洋抗肿瘤药物种类主要分为海洋动物类药物、海洋植物类药物和海洋微生物类药物。

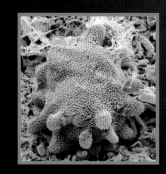

虾、蟹壳——NACOS-6

近年来，日本的伊源化学工业公司从虾、蟹壳中提取了一种被称为 "NACOS-6" 的物质，它能够增强细胞的活性，能够抑制肿瘤细胞的生长和转移，还能诱导干扰素的作用。与现有的抗癌物质结合使用，能够增强抗癌疗效。

岩沙海葵毒素

岩沙海葵毒素是迄今为止发现的毒性较高的海洋生物毒素之一，富含于软珊瑚、岩沙海葵、玫瑰海葵等多种海洋腔肠动物中。该毒素属于水溶性神经类毒素，可引起血管坏死，内脏广泛性出血及肾功能衰竭，随之发生呼吸衰竭而导致死亡。近年来研究发现，岩沙海葵毒素还具有很高的抗癌性和很强的溶血作用，可抑制小鼠的艾氏腹水瘤，有望成为高效的新型心血管药和抗癌化疗药。

河豚——新生油

河豚是一种有毒的鱼类，用河豚的肝脏制成"新生油"药物，可用于抑制食道癌、胃癌、鼻咽癌及结肠癌。其毒素可制成缓解癌症后期疼痛的药物。

"球鱼"肝脏提取物

海洋生物能够利用化学方式保护自己，所以才能具备天然自卫、抵抗疾病的能力。科学家从一种叫作"球鱼"的生物的肝脏中提取出一种镇痛新药，用于解除晚期癌症患者的疼痛感，效果非常理想。

拓展　新型海洋抗癌药物

海洋抗癌药物研究在海洋药物研究中起着主导作用，现已发现海洋生物提取物中至少有 10% 具有抗肿瘤活性，海洋抗癌药物的研究也硕果累累，目前有多种海洋药物已经获得新药证书或进入临床研究。中国已经获批上市的海洋药物有藻酸双酯钠、甘糖酯、角鲨烯、多烯康等。

海绵——海绵素

海洋中海绵动物是最原始、最低等的多细胞可再生动物，它的外形千姿百态，体表有无数小孔，也被称为多孔动物。科学家从海绵动物中提取出一种新型抗癌药物，它是天然物质海绵素的合成姊妹体。这种药物可对化疗具有耐药性的癌细胞产生作用，可用于乳腺癌、肺癌、前列腺癌和结肠癌的治疗。

守护心脑血管

心脑血管病成为近年来人类健康的主要"杀手"。所谓心脑血管疾病就是心脏血管和脑血管疾病的统称。因患心脑血管疾病而死亡的人数比患癌症的还要多，可见预防和治疗心脑血管疾病成了新世纪科学界探索的重大课题。近年来科学家从海洋生物中发现了大量治疗心脑血管疾病的活性天然成分，如蛤素、鲨鱼油、海藻多糖等，给病人带来新的希望。

拓展　血管清道夫

血管为什么要清道？因为当人体脂质代谢由于种种原因出现障碍时，来自于日常饮食的胆固醇和甘油三酯就会在体内堆积起来，这些"垃圾"使动脉血管发生粥样硬化和堵塞，成为导致心脑血管疾病的根源。深海鱼油是很多血管"垃圾"的克星。

深海鱼油

深海鱼油，顾名思义就是从深海中鱼类动物体中提炼出来的不饱和脂肪，包含健脑益智的 DHA（二十二碳六烯酸）和益于血液循环的 EPA（二十碳五烯酸）两种成分。DHA 和 EPA 都具有对抗炎症，平衡情绪，防止动脉硬化等功能。深海鱼油是一种纯天然保健品，是预防心脑血管疾病的灵丹妙药。

七星鳗

七星鳗又称星鳗、海鳝、沙鳗，外形和河鳗相似，在中国沿海均有分布，东海最多。七星鳗体重一般 500 克左右，有的大型七星鳗可达 2000 克左右。七星鳗是东海海岸垂钓的主要鱼种之一，其肉洁白，味道鲜美。七星鳗含有的 DHA 和 EPA 对预防心脑血管疾病有一定的作用。

"海底牛奶"
——牡蛎

牡蛎属贝类，分布很广，世界上总计有 100 多种，中国沿海有 20 多种。牡蛎肉肥美爽滑，味道鲜美，而且营养丰富，钙含量为牛奶的 1 倍，铁含量为 21 倍，有"海底牛奶"的美称。牡蛎还有良好的食疗效果，既能细肌肤、美容颜，又能降血压、滋阴养血，还能抑制动脉粥样硬化，保护心脑血管，被视为健美强身的食物。

珊瑚虫

　　珊瑚虫生活在热带海洋中，种类繁多，大多群居生活，繁殖迅速，生长快。随着虫体一代代死去，而它们分泌的外壳却连在一起，慢慢累积就形成色彩斑斓的珊瑚礁和珊瑚岛了。中国南海的西沙、东沙、中沙和南沙群岛，印度洋的马尔代夫岛，南太平洋的斐济岛以及闻名世界的大堡礁，都是由珊瑚虫建造的。日本已经从珊瑚虫中提取出一种能治疗心脑血管硬化的药物。

海洋星虫

　　海洋星虫在海底穴居生活，已知种类大约有 300 种。星虫身体柔软，形状和蠕虫类似，展开似星芒状，因而被称为星虫。星虫中部分种类（如沙虫）可以食用，营养丰富，具有抗氧化、抗菌、抗辐射、抗病毒、防癌、调节免疫、延缓衰老及保护心脑血管等作用，被誉为"海洋虫草"。此外沙虫对环境质量十分敏感，一旦污染则不能成活，有"环境标志生物"之称。

鲨鱼软骨

　　鲨鱼是世界上最古老、最长寿的深海软骨动物之一，已生存 4 亿年之久，其药用价值引起了世界科学界的关注。中国对鲨鱼的药用最早见于《本草经集注》。鲨鱼软骨俗称鱼脑，具有抑制肿瘤，提高机体免疫力，改善骨质疏松，治疗风湿性关节炎和心脑血管疾病，抗凝血和降血脂，预防脑血栓、肝肾疾病等作用。

新型抗菌药物

在我们生活的环境中，有着肉眼看不见、摸不着、数不清又无处不在的各式各样的细菌和病毒，它们无孔不入，是一群"隐形杀手"，威胁着人类的健康。早些年由于反复使用抗菌药（如青霉素），致使一些细菌产生了耐药性，这些药已经无法对付这些顽固的杀手。科学家在海洋生物中发现了许多这种"隐形杀手"的克星，即从海洋生物身上提取的新型抗菌药物。

珊瑚——鹅管石

五光十色的珊瑚不仅是供观赏的天然艺术品，还是很有价值的药材，中药"鹅管石"实际上就是珊瑚石，鹅管石常用来治疗肺结核和痢疾。近年来科学家从柳珊瑚和鹿角珊瑚中分离出一些新型抗菌药物。

鲍鱼——黏蛋白

鲍鱼，是八大海鲜之一，它耳朵形的外壳和肉，均可入药。鲍鱼汁可提高对脊髓炎的抵抗力。此外从鲍鱼肉中还提取出一种黏蛋白，黏蛋白具有抑制链球菌、葡萄球菌、脊髓炎病毒等作用。

蚶类贝壳——瓦楞子

蚶类贝壳表面凹凸不平，像房顶的瓦垄一样，所以称为"瓦楞子"。瓦楞子对葡萄球菌和大肠杆菌有较强的抑制作用。

拓展 **河豚——鱼精蛋白**

河豚浑身是宝，它的毒素可治病，它的精巢也是制药的原料。可从河豚的精巢中提取组氨酸、精氨酸、亮氨酸3种氨基酸组成的鱼精蛋白。鱼精蛋白对痢疾杆菌、伤寒杆菌、霍乱弧菌等具有抗生作用。

有用的毒素

　　有些海洋生物含有毒素，海洋生物毒素种类多，分布广，毒性强，常见的如海蛇毒素、河豚毒素等。海洋生物毒素可以作为防治神经系统疾病、心血管疾病、抗肿瘤、抗病毒的临床药物或重要导向化合物，而且毒性越大，其治病效果就越显著，被科学家视为"以毒攻毒"的珍宝。如果人们能够很好地掌握其毒素的药理作用，变害为利，就能生产出更多更好的有奇效的药品，解决当前危害人们健康及生存的顽症，造福于全人类。

河豚毒素

　　河豚虽然肉质鲜美可食用，却含有剧毒，河豚毒素有较强的神经毒性，中毒症状表现为恶心、呕吐、感觉消失、血压体温下降、死亡。对于河豚毒素的开发利用最早是用于治疗麻风病人的神经痛，20世纪60年代开始用作镇痛剂。另外，河豚毒素还可用作钠通道探针这种生物医学研究试剂的原料，以及麻醉药、降压药和抗心律失常药等。

"绿色杀虫剂"——沙蚕毒素

　　沙蚕是生活在海滩泥沙中的一种环节蠕虫。沙蚕毒素是从沙蚕体内分离出的物质。沙蚕毒素类杀虫剂是20世纪60年代人类开发成功的第一类动物源杀虫剂。沙蚕毒素类杀虫剂属神经毒剂，害虫接触或取食药剂后，虫体很快呆滞不动、瘫痪，最终死亡。沙蚕毒素类杀虫剂具有广谱、高效、低毒等特点，被称为"绿色杀虫剂"。

海蛇毒素

海蛇毒素是海洋生物毒素的一种，毒性稳定，属于神经毒素，中毒初期，没有明显症状，只有一点麻木和刺痛的感觉。而毒素一旦发作，就会出现全身肌肉酸痛、眼睑下垂、颈部强直、心脏和肾脏受损，最终导致心脏衰竭死亡。使用海蛇毒素研制成的新型镇痛药，对恶性肿瘤引起的剧痛、三叉神经痛、坐骨神经痛等具有良好的镇痛效果。此外可将海蛇毒素制成"抗蛇毒血清"，可以治疗毒蛇咬伤。

海石花毒素

海石花是动物脊突苔虫或瘤苔虫的干燥骨骼，形似珊瑚，呈不规则块状，分布于中国南方沿海各地。从海石花提取出来的海石花毒素是一种剧毒物质，往往只需尘粒大小的剂量，就能致人死亡。但是，这种毒素却是治疗白血病、高血压、天花、肠道溃疡和某些癌症的有效药物，也是理想的麻醉剂。

芋螺毒素

芋螺是一类肉食性软体动物，主要分布在热带海洋的浅海水域。芋螺毒素是从芋螺中得到的一类具有神经毒性的活性肽，是一种小分子神经毒素，容易通过组织扩散转移，中毒症状表现为精神紧张、肌肉无力、呕吐、反射消失、视觉模糊、昏迷、供给失调、呼吸衰竭、死亡。此外，还可用作麻醉药、镇痛药的开发。

骨骼与皮肤

　　骨骼是组成脊椎动物体内或体表的坚硬组织，起到运动、支持和保护身体，制造红血球和白血球以及储藏矿物质的作用。皮肤是人体的最外面的一层结构，它覆盖全身，是人体最大的一个器官，它使体内各种组织和器官免受物理性、机械性、化学性和病原微生物性的侵袭。

造福医学的珊瑚骨骼

　　海洋深处的珊瑚礁与人体骨骼有许多相似之处，如成分、关节的数目等，因此珊瑚骨骼是修复人骨最佳的原料。在法国，科学家首次将珊瑚代替骨骼植入人体内，发现珊瑚人工骨具有良好的生物相容性和生物降解性，完全能与破碎的骨骼融合在一起。如今珊瑚已经取代了合成材料，成为人体骨骼的替代物。

拓展　　深海生物基因资源

　　从海洋生物的功能基因入手，有助于培育出优质、高产、抗逆的养殖新品种，从根本上解决海水养殖生物"质""量""病"的问题，同时还有助于开发具有中国自主知识产权的海洋基因工程新药，部分解决海洋药源问题。

骨骼移植

骨骼是支撑人体和进行运动的重要部位。一旦受到损伤，会给身体正常功能带来影响。目前用作移植材料的珊瑚石包括：滨珊瑚、角蜂巢珊瑚、叶状珊瑚、鹿角珊瑚、石芝珊瑚、角孔珊瑚和杯状珊瑚等，其中以滨珊瑚较多。至今已经超过 10 万名患者接受了珊瑚石的移植治疗，至今没有一例出现排斥反应。

人工皮肤

人工皮肤是人工研制的用来修复、替代缺损的皮肤组织的皮肤替代品，可用于治疗烧伤、烫伤，减轻患者的痛苦。人工皮肤由鲨鱼软骨、甲壳质等提供原材料。这类人工皮肤对人体有良好的亲和性，并且无毒副作用，临床使用中反应良好。

虾、蟹壳手术线

科学家将从虾、蟹壳中提取的甲壳质和壳聚糖制成医用外科可吸收性手术缝合线，其性能大大优于常用的羊肠线，由于其本身具有一定的抑菌能力，用常规方法消毒即可。它可被人体吸收，不需拆线，能广泛应用于全身多个部位，同时还具有抑菌作用和凝血作用，加速伤口愈合，在医学领域有很好的应用前景。

甲壳质敷料

当皮肤出现损伤时，容易被细菌感染引起各种并发症。通常采用医用敷料对伤口进行保护，防止伤口的感染和脱水，在伤口处维持有利于治疗的潮湿环境，促进伤口愈合。甲壳质敷料具有止血和抑菌作用，可促进伤口愈合和组织修复再生，是优异的医用敷料，可以制成各种各样的形状。

代用血浆

　　血液是人的"生命之河"，人一刻也离不开它。人一旦失血过多，会导致休克或死亡，此时输入血液或者血浆是必需的抢救措施。但是血液储存难，血型配型难，供应经常短缺。血液需求量不断增大，而安全有效的血源却日益紧缺，促使人们寻找代用血浆。代用血浆有维持血液胶体渗透压的作用，可以起到输入人体血浆的作用，在一定程度上缓解医院临床用血的紧张状况。

血浆

　　血液可以分为血细胞和血浆两部分。新鲜血液加抗凝剂后离心，使血细胞沉降，上层淡黄色清液即是血浆。血浆的绝大部分是水，其中溶解的物质主要有血浆蛋白、葡萄糖、无机盐、激素等。血浆的主要功能是运载血细胞，运输维持人体生命活动所需的物质和体内产生的废物等。

什么是代用血浆

　　代用血浆是一种分子量接近血浆白蛋白的胶体溶液，输入血管后依赖其胶体渗透压而起到代替和扩张血容量的作用，可用于治疗失血性休克。代用血浆必须对人体无毒无害、无抗原性，输入血管后不影响人的正常新陈代谢。目前常用的代用血浆有右旋糖酐、羟乙基淀粉、明胶，但这三种代用血浆输用量过多时会造成凝血机能障碍、肾功能损害和过敏反应。

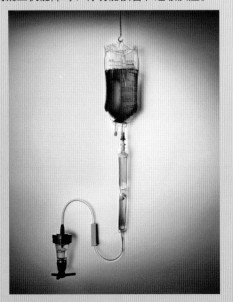

　　代用血浆首要条件是无抗原性，动物血浆中含有许多免疫球蛋白，跟人类血浆中的免疫球蛋白不相同，对人来说就是外来抗原，输入动物血浆，就会使人体产生抗体，引起一系列过敏反应。

海盘车明胶代用血浆

　　医院在抢救危急病人时，会使用一种海洋生物制的血浆，这种橙黄色的透明液体，就是从海洋棘皮动物"罗氏海盘车"身上提取的代用血浆溶液。静脉注射海盘车明胶代用血浆，能够维持血压或增加血液循环中血容量，在血浆短缺时可应急替代。

褐藻胶代用血浆

　　在海洋生物中，除了从海盘车中提取代用血浆外，也可以从褐藻中提取。海洋里，褐藻的种类繁多，常见的有海带、裙带菜、鼠尾藻、羊栖菜、铜藻等。褐藻加入热碱水之后就能够提取出褐藻胶，再经过一系列的加工便成为褐藻胶制代用血浆。临床使用表明，褐藻胶代用血浆不在体内蓄积，不影响内脏器官，对循环系统有很好的调理作用，并能加快排出体内毒素；同时还具有升压效果明显，防止血液浓缩，促使血液正常流动等优点。

生物制药

　　海洋生物制药是指应用海洋生物具有明确药理作用的活性物质，研制海洋药物的过程，是一种新兴的生物制药工业，当前正处于发展阶段。中国从古代就开始应用海洋药物，在 1978 年全国科学大会后，中国现代海洋生物制药进入了快速发展的新时期。海洋生物制药的研发方向主要有：抗肿瘤药物、心脑血管药物、抗病毒活性物质、抗菌抗炎活性物质。

著名中草药——海马

　　海马是一种海洋生物，因其头部酷似马头而得名。海马是海洋中一种经济价值较高的名贵中药材，民谚"北方人参，南方海马"中将它与人参并列。药用价值较大的种类有三斑海马、冠海马和大海马。海马具有丰富的营养价值，主要分布在中国广东省和海南省海域，南海为中国海马的主要自然分布区。

鲎试剂的妙用

　　鲎试剂是由海洋生物鲎的血液提取物制成的，可以准确、快速地检测人体内部组织是否因细菌感染而致病，在制药和食品工业中，可用它对毒素污染进行监测，是国际上至今为止检测内毒素最好的方法。由于鲎的血液中含有铜离子，所以它的血液是蓝色的。

止血良药——乌贼骨

乌贼骨又称海螵蛸，是乌贼科动物无针乌贼或金乌贼的内壳，中医常用作止血药。它可缓解呕酸及烧心症状，并能促进溃疡面炎症吸收，阻止出血，减轻局部疼痛，具有止酸止痛的作用。乌贼骨还有明显的促进骨缺损修复作用及抗辐射、抗肿瘤等作用。

海中人参——海参

海参不仅是珍贵的食品，还是名贵的药材，古人发现"其性温补，足敌人参"，有"海中人参"的美誉。海参具有很高的药用价值及较强的修复再生功能。

美容圣品

　　海洋是人类生命的摇篮，大海带给我们许多美丽的礼物，比如海藻、海藻泥等，它们大都含有绝佳的护肤成分。海藻含有丰富矿物质及维生素，能保持肌肤的湿润和细胞的活力。海泥能净化肌肤，并为肌肤补充矿物质营养成分。

海水珍珠粉

　　珍珠粉自古以来就是养颜珍品，具有养颜美肤、延缓肌肤衰老，祛斑、祛痘、抗皱，增强肌肤光泽和弹性等多种美容功效。海水有天然矿物质和多种营养成分，污染相对较少，浮游生物较多，经过大海的孕育，海水珍珠粉有机质含量高，相比于淡水珍珠粉更加清凉、滋润，具有更好的美容保健作用。

海藻

　　海藻是极具价值的美容保健产品，海藻中含有丰富的矿物质成分，其最受关注的功效就是控油与保湿，海藻同时还具有促进肌肤新陈代谢、增强皮肤免疫力、维护肌肤弹性、抗老化等多种功效，可谓润肤的万能钥匙。

海藻泥的妙处

　　海藻面膜是以海藻泥提取物制成，天然海藻面膜含有蛋白素、维生素E，能对面部皮肤起到控油保湿、紧致去皱、祛斑美白、消炎杀菌、增加肌肤的免疫力和提高肌肤的保护作用，使肌肤更有弹性和青春力。

海水美容

　　海水营养丰富，能够调节改善新陈代谢，改善血液循环，增强心脑血管系统的功能。在繁重的体力劳动和紧张的脑力劳动后，洗一个海水浴，能消除疲劳，减轻压力，提高机体免疫力。

第三章　矿产资源

海洋是一个巨大的资源宝库，一望无际的汪洋大海，为人类提供了丰富的食物、药物资源，还蕴藏着丰富的矿藏和巨大的能量，如煤炭、天然气、石油等不可再生的燃料资源和滨海砂矿等传统矿产资源。随着工业的发展，陆地上的矿物资源日益枯竭，世界上一些主要的海洋国家纷纷把目光转向海洋，加大了开发海洋的力度，希望向海洋寻求更多的资源。

煤炭

　　煤是古代植物埋藏在地下经历了复杂的生物化学和物理化学变化逐渐形成的固体可燃性矿产，被人们誉为"黑色的金子"和"工业的食粮"，它是18世纪以来人们使用的主要能源之一。煤在全球的分布很不均衡，中国、美国、俄罗斯、德国是煤炭储量丰富的国家，也是世界上主要产煤国。中国是世界上煤产量最大的国家，也是世界上最早利用煤的国家。

煤炭的用途

　　煤炭的用途十分广泛，既是燃料，也是重要的工业原料。煤炭主要用于发电、冶金、建材、化工等领域，另外还有部分为生活用煤。海底煤矿作为一种潜在的重要矿产资源，它的开采量在已开采的海洋矿产中占第二位，仅次于石油。目前，英国、土耳其、加拿大、智利、澳大利亚、新西兰、日本等国均有不同规模的开发，并获得了巨大的经济效益。

海洋煤炭储量

世界上已发现的海底煤田约 200 个，主要分布在澳大利亚、英国、保加利亚、希腊、爱尔兰、冰岛、加拿大、土耳其、芬兰、法国、智利、日本和中国的近海水域。中国的海底煤炭资源主要分布在山东省的龙口海底煤田，估计其含煤量为 13 亿吨。此外，黄海、东海和南海北部以及台湾浅海陆架区大约 300 平方千米的新生代地层中也蕴藏着丰富的煤炭资源。

煤的开采

世界上一些国家，如英国、澳大利亚、智利、日本、加拿大等国已经实现了海底煤矿开采。2005 年 6 月 18 日，中国山东龙口矿业集团将北皂煤矿海域 30 多万吨煤炭开发成功，煤炭顺着皮带从海底滚滚涌到地面，"龙矿人"从海底为中国掘出了"第一桶乌金"，标志着中国煤炭资源的开发利用成功地从陆地延伸到海洋。

天然气

天然气是一种蕴藏在地层内的可燃气体，主要成分为烷烃，无色无味。天然气易燃，燃烧后无烟无灰，是较为清洁的燃料。据不完全统计，海底蕴藏的油气资源储量约占全球油气储量的三分之一。按照2008年公布的全国石油资源评价结果，中国大陆及沿海大陆架拥有天然气资源16万亿立方米。

天然气水合物及其成因

天然气水合物是天然气与水在高压低温条件下形成的类冰状结晶物质。因其外观极似冰雪，遇火即可燃烧，所以又被称作"可燃冰""固体瓦斯""气冰"。由于天然气水合物的主要成分是甲烷，所以又被称为"甲烷水合物"。

分布

天然气水合物是一种新型高效能源，其成分与天然气成分相近，但更为纯净，而且使用方便，燃烧值高，清洁无污染。据估算，全球天然气水合物的含碳量是现有地球化石燃料（石油、天然气和煤）总碳量的两倍，已发现的天然气水合物主要存在于永久冻土区和世界范围内的海底。美国、日本、中国等国已发现大面积的天然气水合物分布区。

形成过程

天然气的形成过程跟石油很类似，水底淤泥与空气隔绝，形成缺氧的环境，再加上厚厚岩层的压力、温度的升高和细菌的作用，这些海洋沉积物便开始慢慢分解，经过漫长的地质时期，最后形成了石油或天然气。通常石油与天然气是同时发现的。

天然气开采

  天然气的开采方法与石油的开采方法十分相似，但又有不同之处。天然气的开采会形成气藏水患，目前治理气藏水患主要从排水和堵水两方面入手。此外，气井压力一般较高，加上天然气属于易燃易爆气体，所以天然气开采的安全需求更高。早在公元前3世纪，中国的李冰就曾利用开凿盐井过程中取得的天然气煮卤熬盐。

拓展   **中国海洋油气时代来临**

  由于大陆架油气资源的日益枯竭，以中国海洋石油总公司为主力的石油新军开始"挺进海洋"，2010年岁末，中海油所属海域油气年产量突破5000万吨，相当于建成一个"海上大庆油田"。中国目前深海水域的油气勘探、开发和生产的关键技术仍比较落后，中国海洋油气开发的机遇与挑战并存。

石油

分布在海底下的油藏，称为海洋石油。世界海洋石油绝大部分存在于大陆架。中东地区的波斯湾，美国、墨西哥之间的墨西哥湾，英国、挪威之间的北海，中国近海大陆架，都是世界公认的海洋石油储量最丰富的区域。据 2008 年统计结果，中国的海洋石油储量约 246 亿吨，约占全国石油资源储量的 23%。

海洋油田

世界上最著名的海上产油区有波斯湾、委内瑞拉、马拉开波湖、欧洲北海和北美洲墨西哥湾。其中，波斯湾石油储量约占世界石油储量的一半，是世界海上产油量最多的地区，被称为"石油海"。

形成过程

石油的形成过程与天然气很类似。海底的沉积物在缺氧的条件下开始有机物化学性质的转变，富含浮游生物、细菌等有机质的沉积物是生成石油的主要母质，而树脂质和木质素等是生成天然气的主要母质。形成石油时参与分解活动的细菌叫作"硫磺菌"和"石油菌"。

中国海洋油气区

中国近海大陆架面积 130 多万平方千米，拥有众多大型含油气沉积盆地和含油、气构造，蕴藏大量的油、气资源。中国近海三大油气盆地分别为渤海油气盆地、南黄海油气盆地和东海油气盆地。

石油的用途

石油是宝贵的燃料和化工原料。从石油中提炼出的汽油、柴油和煤油可作为现代化工业的动力燃料；从石油中提炼出的润滑油是各种机械、仪表运转必不可少的润滑剂；从石油中提取的化工原料可以制成合成纤维、合成橡胶、塑料、合成氨、染料、炸药、石蜡等多种产品；从石油中提取的沥青可以作为筑路材料、填料、密封材料等。

石油开发

人类要开发利用海上石油资源，必须先找到油藏，从寻找油藏到利用石油，大致要经过 4 个主要环节，即勘探、开采、输送和加工，具体称为"石油勘探""油田开采""石油集输"和"石油炼制"。

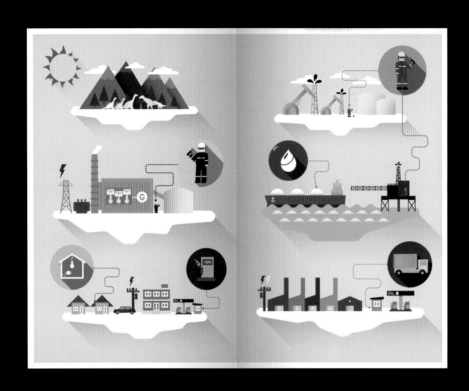

石油勘探

海洋石油勘探的任务就是寻找海底地下的石油，目前一般应用地震、重力、磁力的方法来勘明海底石油的储存位置和储量。勘探开发已逐渐向深海发展，如今钻井水深已达 4000 米，有些甚至达 6000 米。海底石油勘探以地震勘探为主，利用人工地震产生的地震波来研究地下岩石性质并寻找石油资源。地震勘探中高分辨率、三维和多波段的方法在海底油田的地面测量和井中测量具有广阔的前景。

 拓展　　　　**石油泄漏事件**

近年来严重的石油泄漏事件有：1979 年墨西哥湾油井井喷，共漏出原油约 100 万吨，使墨西哥湾部分水域受到严重污染。1991 年 1 月海湾战争期间，伊拉克军队撤离科威特前点燃科威特境内油井，多达 100 万吨石油泄漏。1996 年利比里亚油轮在英国附近触礁，14.7 万吨原油泄漏，超过 2.5 万只水鸟致死。2006 年美国重大石油泄漏事故，超过 1000 吨原油从输油管中泄漏并污染了附近约 84 亩的苔原地带。

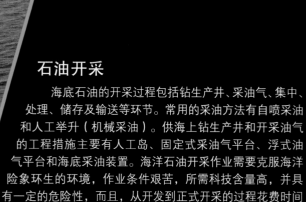

石油开采

　　海底石油的开采过程包括钻生产井、采油气、集中、处理、储存及输送等环节。常用的采油方法有自喷采油和人工举升（机械采油）。供海上钻生产井和开采油气的工程措施主要有人工岛、固定式采油气平台、浮式油气平台和海底采油装置。海洋石油开采作业需要克服海洋险象环生的环境，作业条件艰苦，所需科技含量高，并具有一定的危险性，而且，从开发到正式开采的过程花费时间较长，费用较高。

石油炼制

　　石油不能直接作为产品使用，必须经过各种加工过程，炼制成多种质量符合使用要求的石油产品。石油炼制就是把原油加工为各种石油产品的过程。石油产品种类繁多，包括燃料、润滑油、有机化工原料、沥青、蜡、石油焦等。

管道运输

　　海上石油的输送有两种方法：一是采用驳船；二是采用管道，将油管铺设到海岸上。装油船和输油管道是随着海上石油开发的发展而发展起来的。管道运输是一种以管道为运输工具输送流体货物运输的方式，货物通常是液体和气体。管道运输石油产品比水运费用高，但比铁路运输便宜。

滨海砂矿

　　滨海砂矿种类繁多、分布广泛、资源储量丰富，它们大多埋藏在近岸沙堤、沙滩、沙嘴和海湾之中，默默地躺在滨海沉积物中成千上万年。千万年来，进入海洋的泥沙和尘埃在海浪和海流的作用下，聚集沉积形成了滨海砂矿。滨海砂矿广泛分布于许多国家，如澳大利亚、新西兰、印度、泰国、中国、美国、巴西、南非等。滨海砂矿在海洋矿产资源的开发中，产值仅次于海底石油、天然气。

种类

　　滨海砂矿主要包括建筑砂砾、工业用砂和矿物砂矿。中国拥有漫长的海岸线和广阔的浅海，滨海砂矿资源丰富，目前已探查出的砂矿矿种有锆石、钛铁矿、独居石、磷钇矿、金红石、磁铁矿、砂锡矿、铬铁矿、铌钽铁矿、砂金和石英砂等，并发现有金刚石和铂矿等。其中以钛铁矿、锆石、独居石、石英砂等储量最大。

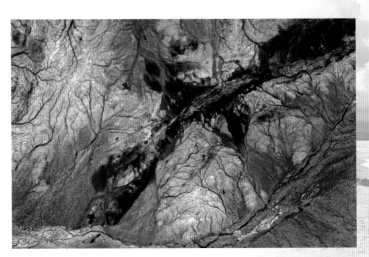

海积砂矿

中国滨海砂矿以海积砂矿为主，混合堆积砂矿为辅。陆源物质在潮汐、波浪和海浪的作用下，在有利的地貌部位富集成为海积砂矿。在山东省，大型锆石矿床、大中型石英玻璃砂矿床、小型铁砂矿床均属此类砂矿。人们主要开采海积砂矿中的砂堤砂矿。

混合堆积砂矿

混合堆积砂矿是指一个矿床的成因由多个因素叠加而成，如山东省的三山岛砂金矿，按成因主次可划分为冲—海积、风—海积、冲—洪积、残坡—冲—海积等混合成因类型。另几种类型的砂矿有：残坡积砂矿、冲积砂矿，风积砂矿。

中国的滨海砂矿分布

世界上几乎所有的滨海砂矿矿物都能在中国找到，中国的滨海砂矿可划分为8个成矿带：海南岛东部滨海带、粤西南滨海带、雷州半岛东部滨海带、粤闽滨海带、山东半岛滨海带、辽东半岛滨海带、广西滨海带和台湾北部及西部滨海带。其中广东滨海砂矿储量居全国首位。

滨海砂矿的应用

　　漫步海滩，脚下沙沙作响的沙石里蕴藏着丰富多彩的宝石，如金刚石、金、铂、锡石、金红石、红金石、蓝宝石、琥珀、锆石和石英砂等，具有经济意义和开采价值的有20多种。砂矿在工业上的用途很广泛，也很有经济价值。有些砂矿还在航空航天和制造导弹、电子等高科技产品中有着特殊的作用。

金红石

拓展　　耀眼光芒——金刚石

　　金刚石是非金属矿产资源，它是最坚硬的晶体。宝石级金刚石是数量极少的钻石。在工业方面，人们利用金刚石的高硬度进行切屑、抛光等。

房地产的建材来源——海砂

　　我们称海洋的砂石为海砂，它分布于海岸、近岸海域的海岸以及陆架浅海。中国的海砂资源分布广、储量大，海砂经过处理腐蚀性盐类可用于大型建设的填海造陆。但是海砂开采可能会引发海岸腐蚀、海水入侵等灾害。

钛铁矿

世界上 30% 的钛铁矿产来自滨海砂矿，现已探明的钛铁矿储量为 7.2 亿吨，广泛分布于印度、澳大利亚、新西兰、巴西和加拿大。钛铁矿所富含的钛及钛合金具有重量轻、耐高温、耐腐蚀等优良性能，是现代国防工业的重要材料之一，用于制造飞机、舰船、潜艇、火箭等的部件。

锆石

全世界 96% 的锆石产量来自海滨砂矿。锆耐高温、抗腐蚀、易加工、机械性能好，并有优良的核能性，是原子能工业的重要材料。它广泛应用于原子反应堆、核潜艇的结构材料；锆还具有相当好的电子放射性能，广泛应用于无线电、电气工业中生产 X 光管、电子管、电子仪器等。

锡石

全世界大部分的锡石储存在中国、印度尼西亚、巴西、马来西亚、泰国等国家的滨海砂矿中，储量可达 480 万吨。锡石富含的锡具有延展性及防锈、耐腐等特性，广泛应用于食品、制造、电子、电气等工业中。镀锡材料马口铁已成为食品理想的包装材料；锡合金材料还用于运输工业中制造车、船和飞机引擎的轴承系统，具有耐磨、耐撞性能；它的氧化物则用于制造染料、颜料、搪瓷、瓷器、玻璃等。

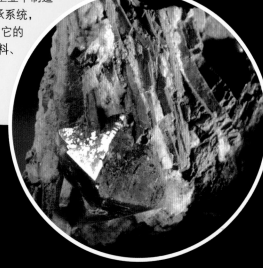

石英砂

在众多的滨海砂矿中，储量最大的当属石英砂矿，可高达数十亿至上百亿吨。海滩上和近岸浅海海域的石英砂可作为用量很大的建筑用砂，还可以作为冶炼各种金属的熔剂，可制成石英玻璃，此外还可以从石英砂中提取硅。硅是一种半导体材料，性脆、熔点高，广泛地应用于电子电气、计算机和航天工业，还能制成太阳能电池。石英将会成为电力、冶金、化工、航天等部门的"新材料宠儿"。

海洋聚宝盆

　　用"聚宝盆"来形容海洋是再确切不过的，仅矿产资源的种类之繁多和含量之丰富，就能够令人咋舌。在地球上已发现的百余种元素中，目前已发现有 80 余种在海洋中存在，其中可提取的有 60 余种，这些丰富的矿产资源以不同的形式存在于海洋中。

海底的黄金梦

　　海洋蕴藏着大量天然金砂，美国、俄罗斯、菲律宾、加拿大等开采海滨金砂生产黄金。2014 年，烟台莱州湾三山岛附近海域探出海底金矿，储藏丰富，是中国第一个海上黄金勘探项目。

拓展　海洋"土豪"，钻石、黄金、铂金样样有

　　由钻石、黄金、铂金制成的珠宝首饰，因其稀有珍贵、纯净美丽，而得到现代人们的钟爱。而你知道吗？这些贵金属都能从海洋中获得！所以，海洋是一个"大土豪"。

海底彩石——海绿石

　　海绿石是一种在海底生成的含水的钾、铁、铝硅酸盐自生矿物，一般呈浅绿、黄绿或深绿色。海底软泥中的海绿石是典型的海洋沉积物。海绿石是提取钾的原料，可作净水剂、玻璃染色剂和绝热材料，广泛应用于轻工业、化工和冶金工业等领域。

基岩矿产

海底基岩矿包括非固态的石油、天然气和固态的岩盐、钾盐、煤、铁、铜、镍、锡和重晶石等。其中，海底煤矿和海底石油分布范围广泛，海底煤矿储量丰富，目前已经开采的基岩矿产有海洋石油和天然气，海底煤、铁、岩盐和钾盐等。

矿物宝藏：海底固结岩层

海底固结岩层的矿产有海底油气资源、煤、海底锰结核及海滨复合型砂矿。其中以海底油气资源、海底锰结核及海滨复合型砂矿经济意义最大。因此，海底固结岩层也可以说是海底的宝藏。

各显神通的深海采矿

深海矿物多分布在四五千米深的海底，对深海矿物的勘探和开采难度都很高。目前最有开采前景的深海底表层矿、深海锰结核和海底热液矿产。海底采矿对环境的影响比陆地采矿要小，但是也要合理开采，避免对海洋环境造成破坏。

第四章　大洋矿藏

　　无论是浅海还是深海，海洋中都蕴藏着丰富的资源。目前，人们已经开采的海洋矿产资源有石油、天然气、煤、铁及滨海砂矿等。随着人类科学的进步，还会不断发现新的矿物，近年来发现的可燃冰、多金属结核、富钴结壳、热液矿藏等，它们是贮存在海底表层的沉积物和海底岩层中的矿藏。新发现的海底矿藏不仅数量大，而且种类多，分布广，有些还是可再生资源。

可燃冰

可燃冰是一种被称为"天然气水合物"的新型矿物，分布于深海沉积物或陆域的永久冻土中，由天然气与水在高压低温条件下形成的类冰状结晶物质。因其外观像冰一样而且遇火即可燃烧，所以被称作"可燃冰""固体瓦斯"或"气冰"。可燃冰储量大，分布广，而且杂质少，燃烧后几乎无污染，是一种高效清洁能源。

第四章

大洋矿藏

可燃冰组成

可燃冰的主要成分是甲烷分子和水分子。因为主要成分是甲烷，因此也常被称为"甲烷水合物"。可燃冰的形成与海底石油、天然气的形成过程相仿，而且密切相关，埋于海底地层深处的大量有机质在缺氧的环境中，厌氧性细菌把有机质分解，最后形成石油和天然气。因为天然气有个特殊性能，即可以和水在温度2℃~5℃内结晶，所以形成的许多天然气又被包进水分子中，在海底的低温与压力下形成"可燃冰"。

2009年中国在青海省祁连山南缘永久冻土带成功钻获天然气水合物实物样品

青 海 省

2007年
美国在阿拉斯加北坡发现可燃冰

美国   加拿大

1992年
加拿大在北美麦肯齐三角洲发现可燃冰

美国

拓展　**可燃冰的开发——带刺的玫瑰**

可燃冰的前景广阔，但是开采有很大难度，并且可能对环境带来危害，就像一朵"带刺的玫瑰"。可燃冰所含甲烷总量极高，而甲烷是一种强效的温室气体，可燃冰对温度和压力都很敏感，在开采和输送过程中很容易导致甲烷气体的大量泄漏，加速温室效应；另外，一旦出现井喷事故，就会造成海啸、海底滑坡、海水毒化等灾害。

可 燃 冰

未来新能源

常规能源总会有用尽的一天，只有不断找到新型能源，并且高效利用才能够持续地发展。在能源问题日益凸显的今天，可燃冰由于具备储量大、能源密度高、清洁、污染小等优势，被视为"沉睡的未来能源"，是人类未来能源的新希望。

是第三个在陆域通过钻探
可燃冰样品的国家

可燃冰

全球可燃冰分布

■ 已发现区域
○ 可能存在区域
□ 潜在区域

可燃冰资源量

可燃冰储量丰富、分布广阔，通常分布在海洋大陆架外的陆坡、深海和深湖以及陆域永久冻土带，有专家估计，海底可燃冰资源可供人类使用 1000 年。而中国可燃冰的资源储量为 803.44 亿吨油当量，接近于中国常规石油资源量，约是中国常规天然气资源量的两倍。

可燃冰发现

1934 年，苏联在西伯利亚地区被堵塞的天然气输气管道里发现了冰状固体堵塞现象，这些固体不是冰，而是可燃冰。1965 年，苏联首次在西伯利亚永久冻土带发现可燃冰矿藏，并引起多国科学家关注。

中国南海的可燃冰

中国可燃冰资源主要分布在南海海域、东海海域、青藏高原冻土带及东北冻土带。南海是中国可燃冰储量最丰富的地区。2001 年，中国在南海海域钻获可燃冰，成为继美国、日本、印度后第四个在海底探获可燃冰的国家。据测算，中国南海的可燃冰储量达 700 亿吨油当量，约相当于中国目前陆上油气资源量总数的二分之一。南海北部可燃冰储量约 185 亿吨油当量，相当于已探明南海油气地质储备的 6 倍。

深海锰结核矿

　　早在1873年，深海考察船"挑战号"就发现了锰结核（又称多金属结核），它被誉为"取之不尽，用之不竭"的可再生多金属矿物资源，这也是它最神奇的特性。表面黑色的锰结核富含铁、锰等几十种金属元素，它们形态多样，大小各异，具有由生物骨骼或岩石碎片等构成的核。

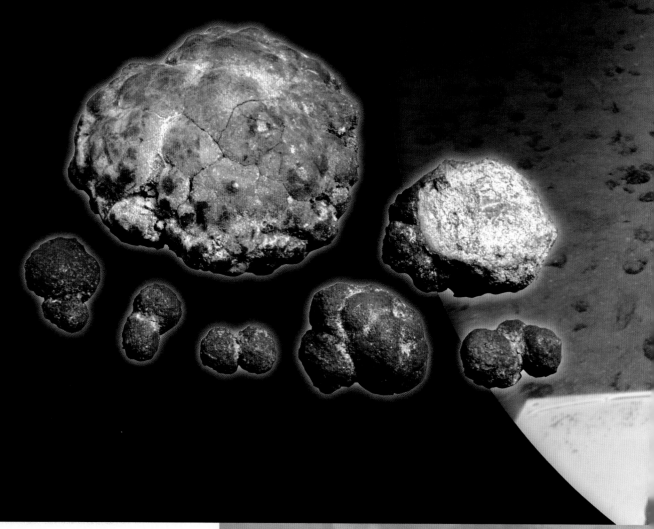

用途

　　锰结核含有几十种金属元素，所含的锰、铁、镍、钴、铜、钛在商业上被广泛运用：锰可用于制造坚硬耐磨的锰钢，铁是炼钢的主要原料，镍可用于制造不锈钢，钴可用来制造特种钢，铜大量用于制造电线，钛广泛应用于航空航天工业。

分布

锰结核总储量约为 30000 亿吨。广泛分布于世界海洋 2000~6000 米水深海底表层,产于 4000~6000 米区间的品质最佳。它们或密集或分散,其中太平洋的锰结核密集度可高达 100 千克/平方米。1979 年,中国海洋科学工作者在 4000~5000 米水深的太平洋中取得了锰结核矿样,其中最大的一枚直径为 5 厘米。

镇海之宝的金箍棒

神话传说中孙悟空的金箍棒是东海龙宫的"镇海之宝",现实生活中锰结核可以说是当之无愧的海底"镇海之宝"。锰结核是隐藏于海底深处不易开采的宝贵能源,"镇海之宝"已受到全球范围的关注,并开始大规模开采。

富钴结壳矿

  直到 1981 年，德国深海考察船"太阳号"率先展开富钴结壳的调查后，沉睡洋底千万年的富钴结壳才真正受到世界各国政府的高度重视。表面黑色的钴结壳富含钴、镍、锰、铂、钛、铈、锆等多种金属和稀土元素，比黄金更具价值，形状单一，大小各异，生长在深水区由黑色玄武岩组成的海山区，因此人们把富钴结壳比喻为"黑金山"。

分布

  钴结壳分布的海域比较广，几乎在海山区都可以找到它的身影，所以目前无法估计其总储量。它广泛分布于 800~2800 米海山区，以 1500~2500 米的地段最为富集。它具有规律性地分布在地形坡度转折带，其中以太平洋最广富，太平洋每座海山山顶部和斜坡的平均面积为 300 平方千米，可产 500 万吨钴结壳。1987 年，中国海洋科学工作者在约翰斯顿岛海域首次采获 200 多千克的富钴结壳。

形成

    富钴结壳矿是生长在海底岩石或岩屑表面的一种结核状自生沉积物，它的成矿物质来自海洋生物及其遗体沉降过程中，通过海水最低含氧层时经过还原作用释放出来的金属，这些金属在富氧水层中经过氧化作用和胶体吸附作用，逐渐沉淀成富钴结壳。

用途

    富钴结壳含有数十种金属元素，所含的钴、锰、铁、镍、铂、金在商业上被广泛运用，钴有多种特殊用途，可用于制造耐热钢、耐腐蚀钢、工具钢，可代替镭来治疗恶性肿瘤，用作钻探设备上的表面硬化材料等。铁是炼钢的主要原料，镍可用于制造不锈钢，铂可用于制造耐腐设备及精密合金，金可用作制造珠宝饰物。

海底热液矿

　　热液矿床是由海底热液成矿作用或海底热液喷泉形成的多金属软泥和块状硫化物矿床。储量巨大的热液矿中含有金、银、铂、铜、锡等多种金属，又被称为"海底金银矿"。管状蠕虫是生活在深海海底热液区的代表性生物，它们是耐高温、耐高压、抗剧毒的厌氧生物。热液矿水深一般只有锰结核矿水深的一半，矿床分布集中且有伴生矿，易于开采，被全球一致认为是未来极有开发价值的战略性资源。

拓展　　**海底热液口生物**

　　千变万化的大海总有让我们惊奇的魅力。海底热液口的温度高达300℃~350℃，环境十分恶劣，却存活着一群特殊的生物群落，它们是腔肠动物海葵、多毛类、头足类软体动物的幽灵蛸、甲壳类的热泉虾、磁蟹、端足类、蔓足类和鱼类等，以热液口为中心向四周呈带状分布。

分布

　　海底热液矿床主要产于海底扩张中心地带，即大洋中脊、弧后盆地和岛弧地区。如东太平洋海隆、大西洋中脊、印度洋中脊、红海、北斐济海等地都有不同类型的海底热液矿床。海底热液系统大部分分布在水深为1300~3700米，平均水深为2500米处。中国南海海盆中有3条扩张脊，以及西沙海槽、中沙海槽，是探查这类矿藏的良好场所。

储存量

　　目前无法统计海底热液矿床总储存量，但可以肯定的是海底热液矿床分布广泛，在世界已经发现有432处，所含的金属均具有很高的开采价值。仅加帕戈尔斯海岭的硫化物矿床的储量就有2500万吨，此矿床中平均含铁35%，铜10%，锌0.1%，还含有银、镉、铅、钒、锡等。

形成

　　海底热液矿的形成经历了复杂的过程。富含硫酸根离子的海水被新生洋壳加热成为高温海水，高温海水从玄武岩中淋滤出大量的金、银、铜、锌、铅、镍、钡、锰、铁等，高温海水与海底冷海水相遇时，发生了物理化学变化，使金属沉淀形成多金属热液矿床。

多金属硫化物

　　1978年，科学家在北纬21°的东太平洋海隆首先发现了热水活动喷流的黑烟囱及其堆积的多金属硫化物矿。富含铜、锰、锌、银、金等金属的多金属硫化物是由海底热液活动产生的自生沉积物。它与大洋锰结核或钴结壳相比，具有水深较浅、矿体富集度大、矿化快、易于开采和冶炼等特点，被视为具有广阔开发前景的战略资源。

分布

　　目前全球海底已发现多金属硫化物矿点有300多处，海底多金属硫化物矿床分布比较广，主要分布于洋中脊、弧后扩张中心及地幔热点等，如东太平洋海隆、大西洋中脊、印度洋中脊、红海等地。在中国东海冲绳海槽地区已经发现7处热液多金属硫化物喷出场所。

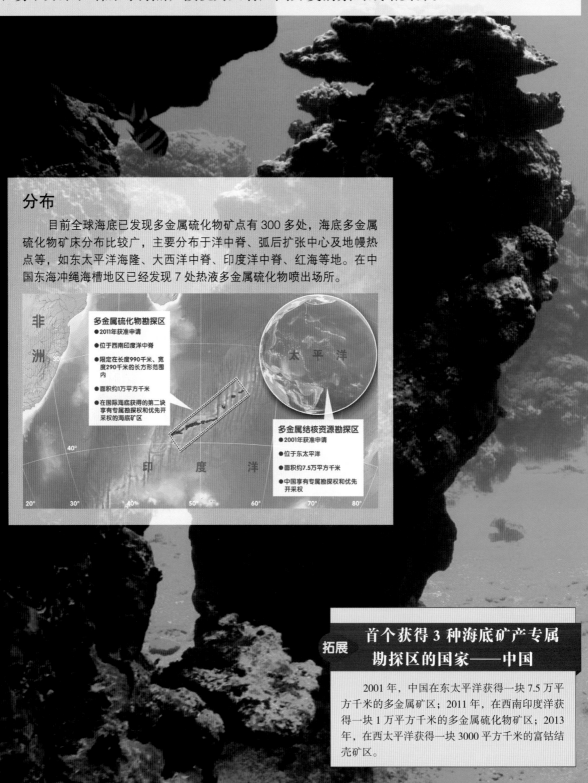

非洲

多金属硫化物勘探区
● 2011年获准申请
● 位于西南印度洋中脊
● 限定在长度990千米、宽度290千米的长方形范围内
● 面积约1万平方千米
● 在国际海底获得的第二块享有专属勘探权和优先开采权的海底矿区

太平洋

多金属结核资源勘探区
● 2001年获准申请
● 位于东太平洋
● 面积约7.5万平方千米
● 中国享有专属勘探权和优先开采权

印度洋

拓展　首个获得3种海底矿产专属勘探区的国家——中国

　　2001年，中国在东太平洋获得一块7.5万平方千米的多金属矿区；2011年，在西南印度洋获得一块1万平方千米的多金属硫化物矿区；2013年，在西太平洋获得一块3000平方千米的富钴结壳矿区。

中国的"大洋一号"

2005年中国大洋环球科学考察船"大洋一号"从海底首次采获超过200千克的海底多金属硫化物样品后，2008年"大洋一号"再次在海底多金属硫化物调查方面取得历史性突破。本次航行仅用18小时就成功抓取数百克的多金属硫化物样品，并发现一个以地幔岩为基底的多金属硫化物区——这是世界上首次发现此类矿床。

硫化物烟囱体

海底热液硫化物的矿物成分随着海区的构造部位和烟囱物具体部位不同而有明显差异。高温"黑烟囱"的沉淀物大都为富含铜—铁的硫化物；中温"白烟囱"的沉积物大多为硫酸盐；低温"黄烟囱"的沉积物硫含量很高，这些富含铜、铁、锌等的硫化物沉淀堆积数量可观时就会形成多金属硫化物矿床。

储量

尽管对海底多金属硫化物的研究还有待深入，但可以肯定的是多金属硫化物矿床分布较广且储量丰富，所含金属具有很高的开采价值。海洋地质学家预言，海底多金属矿床是未来世界矿产开发的重要对象之一。

海底磷矿

　　1873年，英国"挑战号"科学考察船在海底采集到的深褐色像煤块的石头，经分析富含磷和钙，被命名为磷钙石。由磷灰石组成的海底自生沉积物——磷钙石，富含氧化钙、五氧化二磷。它可分为磷钙石结核、磷钙石砂和磷质泥3种类型，大小不一，颜色各异，往往和富钴结壳伴生。它主要用于制造农作物所需要的磷肥，所以被称为"农业矿产"。

分布及成因

　　海底磷钙矿主要分布于东大西洋、印度洋和太平洋的陆架、大陆坡上部以及深海的海山上。生物沉淀或生物化学沉淀使含磷沉淀物富集于海底形成富磷岩石。

有用成分

　　海底磷钙石的主要有用成分为氧化钙和五氧化二磷，氧化钙含量一般为30%~50%，五氧化二磷含量变化较大，在百分之几至百分之二十几之间；其余为二氧化碳、氟（3.5%~4%）、钒、铀及稀土元素。

储藏量

  海底磷钙石一个矿区面积可达数百至上千平方千米，储量高达几十亿至上百亿吨。全世界海底磷钙石蕴藏量约达 3000 亿吨，按照目前世界年消耗 1.5 亿吨水平计算，足够世界使用 2000 年，可见海底磷钙石储量多么丰富。

用途

  海洋中磷含量丰富，所含的磷可以制造磷肥，提高粮食和其他农作物的产量；可将磷溶解于养殖池，加速鱼虾的生长；还可制成防锈材料，涂在飞机的翼面上；另外纯磷和磷酸可用于火柴、玻璃、食品、纺织等工业上。

第五章　海洋能发电

　　浩瀚的大海，不仅蕴藏着丰富的矿产资源，更有真正意义上取之不尽、用之不竭的海洋能源。海洋能是一种分布广泛、蕴藏量巨大、清洁无污染的可再生绿色新能源。海洋能包括潮汐能、海流能、海浪能、风能、海洋温差能、海水盐差能等。这些海洋能是 21 世纪的绿色新能源。人们可以把它们以各种手段转换成电能、机械能等，造福人类。

潮汐能

潮汐是一种世界性的海平面周期性变化的现象，由于受月亮和太阳这两个万有引力源的作用，海平面每昼夜一般有两次涨落。古代称白天的河海涌水为"潮"，晚上的为"汐"，合称为"潮汐"。潮汐导致海水平面周期性升降，因海水涨落及潮水流动所产生的能量称为潮汐能。潮汐能可以转变成电能，给人们带来光明和动力。

清洁的可再生能源

为了保护日益恶化的人类生存环境，走可持续发展的道路，调整能源结构，大力发展可再生能源已经成为全世界的共识。潮汐能是一种清洁的可再生能源。潮水每日涨落，周而复始，取之不尽，用之不竭，具有可再生性。

拓展　世界上最大的潮汐发电站

韩国的始华湖发电站，建在韩国京畿道安山市始华湖防潮堤，利用潮汐水位之差进行发电。2011 年正式投入运营，10 台发电机合并发电容量达 25.4 万千瓦，年发电量可达 5.52 亿千瓦。作为利用潮汐水位差发电的潮汐发电站，截至 2016 年，该电站的发电量可谓世界最大。

潮汐发电站

潮汐发电始于欧洲。1912 年，德国建成了世界上第一座潮汐发电站——胡兴姆潮汐电站，开创了潮汐发电的新纪元。

江厦潮汐电站

江厦潮汐电站是中国第一座双向潮汐发电站。位于浙江省温岭市乐清湾北端江厦港。1980 年 5 月第一台机组投产发电。电站设计安装 6 台 500 千瓦双向灯泡贯流式水轮发电机组，总装机容量 3000 千瓦，可昼夜发电 14~15 小时。

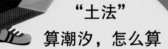

"土法"算潮汐，怎么算

海水涨潮时间每天是不一样的，每 15 天轮回一次，第二天涨潮是在前一天的时间点推迟约 50 分钟。有一个计算公式，在农历初一到十五的时间，具体涨潮时间为日期数乘以 0.8；若是农历十六到三十，涨潮时间为（日期数 –15）乘以 0.8。举个例子：假如农历六月廿八，涨潮时间就是 (28–15)×0.8=10.4，也就是说涨潮时间是早上和晚上的 10 点 24 分。

潮汐发电

利用潮汐发电必须具备两个物理条件：一是潮汐的幅度必须大，至少要有几米；二是海岸的地形必须能储蓄大量海水，并可进行土建工程。经过多年来的实践，潮汐发电已经进入大规模开发利用阶段。

海流能

　　海洋中部分海水以一定的速度，向着一定方向流动所产生的动能叫作海流能。它是由太阳、地球及月亮相对位置及地球自转而引起的海水表层水平移动。海流遍布大洋，纵横交错，川流不息，蕴藏着非常可观的能量。据估算世界上可利用的海流能约为 5 亿 ~10 亿千瓦，是蕴藏量最大的一种海洋能。世界上最大的暖流——墨西哥湾暖流，在流经北欧时为 1 厘米长海岸线上提供的热量大约相当于燃烧 600 吨煤的热量。

潮流能

　　潮流能是海水产生周期性往复运动时所具有的能量，潮流能随潮汐的涨落每天两次改变大小和方向。潮流发电装置与海流类似，可统称为海流发电。中国潮流能发电试验最早是 1978 年由一位浙江农民自费进行的。2013 年，中国建成首座海上漂浮式立轴潮流能示范电站——"海能-I 号"百千瓦级潮流能电站。

中国海流能资源

　　中国海域辽阔，是世界上海流能资源密度最高的国家之一，流量变化不大，而且流向比较稳定。辽宁、山东、浙江、福建和台湾沿海的海流能较为丰富，特别是浙江的舟山海域诸水道海流能开发前景最好，如金塘水道、龟山水道等。

海流能的开发

在古代，人类对海流传统的利用是"顺水推舟"进行海流漂航和挂帆助航。海流能是一种开发成本低，具有良好商业前景的理想绿色新能源，有较大的开发利用潜力。美国、英国、加拿大、日本、意大利和中国等国都在从事海流能开发。

"水下风车"巨能

海流被称为"水下风车"。中国的海流能资源丰富，"水下风车"将逐步成为大规模利用海流能、缓解能源短缺、发展沿海和岛屿的地方经济的新途径。2006年5月9日，在国家自然科学基金的资助下，浙江大学研制的国内第一台新型海流能源利用装置"水下风车"模型样机，在舟山地区岱山县进行了海流试验并发电成功。"水下风车"动力来源于水，其噪声小，且无须建筑大坝。在发电的同时，还可以保持良好的生态环境。

拓展 "海流"是海洋中的河流吗

我们可以形象地这样说，海流是奔腾于大海中的河流。深海大洋里的海流，总是首尾相连，组成一个个好似封闭的循环，因此也叫"大洋环流"。最著名的海流是黑潮和湾流。海流的形成原因主要有风和海水密度分布不均匀两方面。

海流发电

为了有效解决能源紧张和大气污染问题，人们正在积极开发各种可再生能源发电技术。海流发电技术就是其中一种，因为海流能发电装置设备简单，只需利用流动的介质推动水轮机就能发电，且海流能是一种可靠的可再生清洁能源。随着全球能源和环境危机的出现，海流能的利用有着巨大的发展潜力。

海浪能

　　大海从来都是不平静的，无风的时候微波荡漾，有风的时候巨浪翻滚。如果能合理利用海浪能，将获得非常可观的能量。目前海浪能主要应用在发电上，由于开发过程中不必耗费燃料并且对环境影响最小，受到全世界的关注和重视，是各国开发研究海洋能的重点。波浪能可以用来发电、抽水、制氢等，随着世界能源日趋紧张，波浪能将作为一种新能源，有广阔的发展前景。

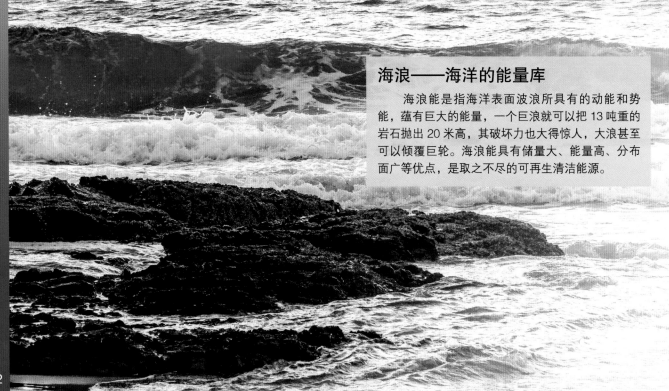

海浪——海洋的能量库

　　海浪能是指海洋表面波浪所具有的动能和势能，蕴有巨大的能量，一个巨浪就可以把13吨重的岩石抛出20米高，其破坏力也大得惊人，大浪甚至可以倾覆巨轮。海浪能具有储量大、能量高、分布面广等优点，是取之不尽的可再生清洁能源。

海浪能发电

海浪能发电是继潮汐发电之后发展最快的海洋能源利用形式。到目前为止，世界上已有日本、英国、爱尔兰、挪威、西班牙、瑞典、丹麦、印度、美国等国家相继在海上建立了海浪发电装置。英国于1991年在苏格兰建成的海浪能发电站是目前世界上最先进的海浪发电装置。目前海浪能开发仍在初期发展阶段，面临许多技术和成本难题。

拓展 ## 海底火山的能量可以利用吗

虽然火山喷发非常可怕，但也很有价值，火山热能可用来发电和供暖。这也是聪明的人类巧妙利用大自然的智慧结晶。地处北极圈附近的冰岛是个海底火山活动频繁的国家，全国许多家庭通过送来的火山蒸汽取暖供热，首都雷克雅未克则是全部采用地热取暖。

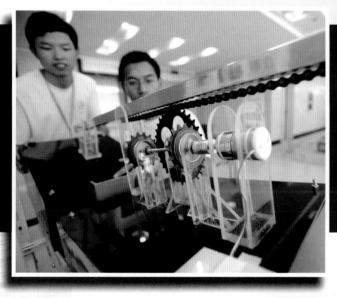

摇摆的"鸭子"

英国爱丁堡大学的工程师斯蒂芬·索尔特发明了一种利用海浪发电的"爱丁堡鸭"海浪发电装置，也叫索尔特凸轮式发电装置。这种"鸭子"的"胸脯"像不倒翁一样不停地来回摆动，利用摆动的能量，带动工作泵推动发电机发电。

海浪能发电前景广阔

海浪能是清洁的可再生资源，它的开发利用将大大缓解由于矿物资源逐渐枯竭造成的能源危机，改善由于燃料矿物能源对环境造成破坏的现状。所以世界各国都开始制订开发海浪能源的规划，中国也制定了以福建、广东、海南和山东沿岸为主的海浪发电发展目标，着重研制建设100千瓦以上的发电站。未来，海浪能发电的前景必定十分广阔。

风能

　　风能是一种取之不尽、用之不竭的能源。风能被广泛地应用于生产生活的各个方面：在机动船舶发展的今天，依然有很多帆船运用风帆助航；风能致热可以解决家庭及低品位工业热能的需要；还有风力发电，风能越大，风能发电机组的功率也越大，产生的经济效益也越大。

风力发电

　　风能蕴藏量巨大，比地球上可开发利用的水能总量还要大 10 倍，风很早就被人们利用——主要是通过风车来抽水、磨面等，风力发电在芬兰、丹麦等国家很流行，中国沿海岛屿平均风速大，适宜发展风力发电。

拓展　风力发电厂的附加功能

　　风力发电厂除了可以供给电力外，其发电站的设备已经成为旅游的一大亮点。如中国新疆达坂城风力发电厂，上百台风力发电机矗立在戈壁滩上，迎风飞旋，与蓝天、白云相衬，在博格达峰清奇俊秀的背景下，形成了一个蔚为壮观的风车大世界。

海边的风力发电厂

风力发电厂的建造地点主要在陆地和海上。陆地上所有地形，都可以建造风力发电站，而海上风力发电厂则是未来的发展趋势。位于英国泰晤士河河口的伦敦阵列海上风力发电厂是当前世界上最大的海上风力发电厂，中国上海的海上风力发电厂于2010年启用，标志着中国风电发展取得新突破。

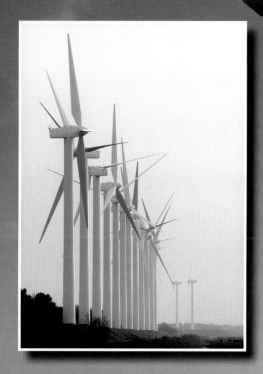

原理和优势

把风能转变成机械能，再把机械能转化为电能，这就是风力发电的原理。风力带动风车叶片旋转，再通过增速机将旋转的速度提升，从而促使发电机发电。风力发电的突出优点是环境效益好，不需要使用燃料，建设风电场的同时也开发了旅游资源。

海洋温差能

　　海洋表层水温与深层水温存在明显差别，热带海洋表面水温可高达28℃，而海洋深处（1000米左右）水温经常保持在4℃左右，这约20℃的温差蕴藏的能量可以转换成电力供人类利用。海洋温差能就是利用海洋中受太阳能加热的暖和的表层水与较冷的深层水之间的温差进行发电而获得的能量，又叫海洋热能。

温差能量

　　太阳的辐射使海水的温度随着海洋深度的增加而降低。表层海水受到太阳光的照耀，比较暖和，而太阳光无法透射到200米以下的海水，所以深层海水相对比较寒冷。垂直的温差就是巨大的海洋温差能。利用这一温差可以实现热力循环并发电，并且，海洋热能用过即可得到补充，很值得开发利用。

开发原理

　　以海洋受太阳能加热的表层海水作高温热源，而以500~1000米深处的海水作低温热源，用热机组成的热力循环系统进行发电。现在新型的海水温差发电装置，是把海水引入太阳能加温池，把海水加热成温水使之蒸发进行发电。海水温差发电还具有海水淡化的功能。

海洋温差发电——海上稳定的巨型发电站

　　1881年，法国科学家首次提出利用海洋温度差发电的构想，1979年，美国第一次发出了15千瓦的净发电容量。全球第一个利用海面与深海温差发电的试验已经在日本进行。倘若能够成功，约占地球面积70%的大海将成为一座巨型发电站。

在海洋中温度是怎样分布的

　　海水温度是反映海水热状况的一个物理量，世界大洋中的水温，因时因地而异，变化情况复杂。对整个世界大洋而言，约75%的水体温度在0℃~6℃，50%的水体温度在1.3℃~3.8℃，整体水温平均为3.8℃。其中，太平洋平均为3.7℃，大西洋为4℃，印度洋为3.8℃。海水温度受纬度、暖流、寒流、季节的影响，大洋水温的垂直分布，从海面向海底呈不均匀递减的趋势，在1000米以下温度变化就比较小了。

拓展　中国海水温差能资源

　　中国海水温差能资源蕴藏量大，主要集中在南海和台湾岛东岸的太平洋热带海域，尤其是南海中部的西沙群岛海域和台湾岛以东海域。台湾岛以东海域全年水温差20℃~24℃，温差能资源很丰富。

夏威夷温差发电

　　1979年，油价暴涨导致世界出现第二次石油危机，美国能源部不惜重金在夏威夷进行海洋热能转换，建成了世界上第一座温差发电装置。美国的成功，让世界各国都对海洋温差发电给予了足够的重视，希望能以此有效地缓解能源问题。

海水盐差能

海水盐差能与海水的咸味相关，在江河入海口，淡水与海水之间或两种含盐浓度不同的海水之间存在着盐度差能。盐差能是以化学形态出现的海洋能，是海洋中能量密度最大的一种可再生能源。盐差能的利用主要是发电，全世界可利用的盐差能约 26 亿千瓦，其能量甚至比温差能还要大。

开发原理

如果把两种含盐量不同的海水倒在同一容器中，由于存在化学电位的差异，含盐量大的海水中的盐类离子就会自动向含盐量小的海水中扩散，直到两者浓度相同为止，这是因为液体具有渗透性，低浓度液体会自然地向高浓度液体渗透。盐差发电技术就是利用渗透过程中产生的压力，利用一定的转换方式转换成电能的原理来工作的。2009 年，世界上首个采用压力延缓渗透技术的发电站在挪威落成。

海水盐差能发电

海水盐差能发电不需要任何燃料，既不产生垃圾也没有二氧化碳排放，更不受气候变化的影响，可以说是一种取之不尽、用之不竭的清洁能源。盐差能发电的基本方式是将不同盐浓度的海水之间的化学电位差能转换成水的势能，再利用水轮机发电。

中国海水盐差能开发

中国于 1979 年开始海水盐差能发电的研究，1981 年发表第一篇科研论文，1985 年，西安冶金建筑学院对水压塔系统进行了试验研究。近年来，中国科学家一直在进行积极的探索和研究，目前中国的海水盐差能发电还处于研究试验阶段，还有很长的路要走。

中国海水盐差能资源

中国有丰富的海水盐差能资源，但是分布不均匀，主要分布在长江口及其以南的大江河口沿岸，青海省等地有不少内陆盐湖也可以利用，主要集中于上海、广东、青海、山东。盐差能资源量具有明显的季节变化和年际变化，汛期最为丰富。

核电站

　　核电站是利用核裂变或核聚变反应所释放的能量产生电能的发电厂。核电站大体可分为利用核能产生蒸汽的核岛和利用蒸汽发电的常规岛两部分。核电站的安全性是对工作人员和周围居民的健康最切实可靠的保证。秦山核电站位于杭州湾畔，是中国自行设计、建造和运营管理的第一座30万千瓦压水堆核电站。

放射性核素

　　地壳是天然放射性核素的重要贮存库。所有放射性物质对有机体都会产生不同程度的伤害。对人体的最大危害在于可能诱发基因突变。目前现代医学中适量合理利用放射性核素进行放射性治疗。

拓展　**为什么核电站的发展是大势所趋**

　　人类对传统能源的利用已经接近极限，在各种替代能源中，核能是产生能源效率高、清洁、经济的能源。虽然日本福岛核电站事故之后，核电业一度陷入低谷，然而在未来的能源结构调整中，它仍是不可替代的选择。建立核电站是"双刃剑"，现在全世界不少地方谈核色变，但只要防护得当，核电仍是一项世界性开发的安全能源，中国正在大力发展核能，并且出口该项能源。

海水淡化、核电站和
海水综合利用相结合

目前，将海水淡化、核电站建设和海水综合利用三者相结合已经成为有很大发展前景的新技术。核电站的生产会产生巨大的反应堆热量，这些热量可用于海水淡化的预热，淡化后的海水综合利用可作为冷却用水用于核电站生产，也可用于核电站的生活用水。在世界范围内已经有 10 多座与核电站结合的海水淡化厂。

海水里的核燃料——氘、氚、铀资源

人们开发核能的途径有两条：一是重元素的裂变，如铀；二是轻元素的聚变，如氘、氚。海水中溶解的铀的数量可达 45 亿吨，超过陆地储量的几千倍。把铀、氘、氚全部收集起来，足以保证人类上百亿年的能源消费。海洋是未来原子能燃料的仓库，我们要加快探索海洋的步伐，让这些资源为我们所用。

加强核电站防护

核能是造福人类的重要能源，然而，铀及裂变产物都有强辐射性，会造成可怕的核辐射危害，因此，加强核电站的安全防护应该引起高度重视。核电站包括 5 层防线和 4 道屏障，它们能充分保护核电站工作人员和周围居民的健康。

第六章 多元素的液体宝库

　　地球上海水总量约为 13.7 亿立方千米，这些海水中溶解有多种化学元素。人类在陆地上发现的 100 多种元素，在海水中可以找到 80 多种。海水含有的物质主要是氯化钠（盐的主要成分），其次是硫、镁、钙、钾、碳、溴和硼；此外还有世界上最稀有的物质——黄金，制造核弹的原料铀，以及核裂变原料氘、氚等，海水不愧为"液体宝库"。人们早就想到应该从这个巨大的液体宝库中去获取不同的元素。

海水利用

　　水荒目前已成为世界性的问题，是制约社会进步和经济发展的瓶颈，全世界都面临着严峻的淡水资源危机。正所谓"开源节流"，我们首先要做的就是保护有限的淡水资源，合理节约用水，也就是"节流"，同时更要关注"开源"。大量地综合利用海水自然而然地就成为人类缓解淡水危机的主要途径。海水是我们人类取之不尽的宝库。21世纪海水的综合利用必将使我们的生活更加美好。

拓展　　海水有机物知多少

　　广阔的海洋是有机物的巨大宝库。大到鲸鱼、鲨鱼，小至易燃气体甲烷，处处都有有机物的足迹。海水中的有机物可分为3类，分别是溶解有机物、颗粒有机物和挥发性有机物。颗粒有机物主要来自海洋生物的排泄物和生物分解而成的碎屑。挥发性有机物仅占总有机物的2%~6%，其中甲烷含量最高。

海水的直接利用

　　海水直接利用是用海水代替淡水直接作为工业用水和生活用水。日本、美国等发达国家，以及中国大连、天津、青岛的发电厂，已经利用海水作为冷却水。海水还可以直接用于印染、制药、制碱、橡胶及海产品加工等领域，也可以用于冲厕、消防、农业灌溉等领域。沿海城市在海水直接利用上有着更大的发展空间。

海水的综合利用与发展

海水利用包括海水直接利用、海水淡化、海水综合利用，以及海水农业等。海水农业是当今研究和开发的热点之一。海水灌溉能够缓解农业用水，海水农业还会成为人类食品供给的重要基地。

海水冲厕的实践

为了解决水资源短缺问题，20 世纪 50 年代末，"海水引进家门，代替淡水冲厕"这一美好设想在香港已经变为现实。青岛、大连、宁波、厦门等城市也开展了海水冲厕技术的调研和试点。海水冲厕需要经过取水、送水、排水 3 个主要环节，最大的问题就是要解决输送过滤海水管道的抗腐蚀问题。

"天然聚宝盆"

我们已经了解，海水之所以是咸的是因为海水中溶解有大量的以盐类为主的矿物质，海盐是海水中蕴藏量最大的化学资源。海水中还有石油资源和大量可以用来进行核聚变的氢元素，可以说是化学资源的"天然聚宝盆"，开发利用海水里的化学资源大有可为。

海水制盐

盐是人们日常生活中的必需品，与人类的健康息息相关。海水总含盐量达 3.5% 左右，其中氯化钠的含量约为 2.7%，是重要的制盐原料。海水制盐有悠久的历史，至今全世界有 60 多个沿海国家以工业规模生产海盐。

化学工业之母——食盐

食盐不仅是人类不可替代的食用品，而且在化学工业生产上被称为"化学工业之母"。食盐包括海盐、井盐、湖盐、岩盐，可以制成氯气、金属钠、纯碱、重碱、烧碱和盐酸，这些产品在人们生产生活中的用途极为广泛，在化肥、农药、造纸、印染、搪瓷、医药等各领域必不可少。

无穷的盐资源

中国的盐资源极为丰富，品种齐全，分布广泛，包括海盐、井盐、岩盐和湖盐。中国是全球第一产盐大国，盐田面积最大，为 37.6 万公顷，海盐产量约占全国原盐产量的 70%。

海水制盐历史

  食盐是人类最早从海水中提取的化学物质，据古籍记载，炎帝时的夙沙氏就教大家煮海水取盐，夙沙氏也被称为中国制取海盐的创始人。到了春秋战国，齐国把"渔盐之利"作为富国之本。在汉代，盐铁已成为"佐百姓之急，足军旅之资"。在明朝永乐年间，开始建盐田。产业革命之后，陆续开始采用机械设备制盐，制盐业逐步实现了现代化的生产模式。

中国的主要盐场

  中国的主要盐场，从北往南，有辽宁的复州湾盐场，河北、天津的长芦盐场，山东莱州湾盐场，江苏淮盐盐场等。其中，山东盐场是中国最早开发的盐场，长芦盐场是中国海盐产量最大的盐场，产量占全国海盐总产量的四分之一，其中以塘沽盐场规模最大。

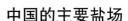

拓展 什么是海水盐度

  我们常用海水盐度来表示海水中所含盐类物质的多少。盐度从南北半球的副热带海区向低纬度（赤道）和高纬度（两极）递减。影响盐度的主要因素是气候、河流汇入和洋流等。世界盐度最高的海域是红海，最低的海域是波罗的海。中国近海表层盐度水平分布总趋势是：近岸低，外海高，河口地区最低，黑潮区最高。而垂直分布的总趋势是表面盐度低、下层盐度高，盐度随着深度的增加而增大。

海水制盐的方法

  目前海水制盐的方法主要有3种，即盐田法（也称太阳能蒸发法）、冷冻法和电渗析法。盐田法是很古老的制盐方法，但是至今仍普遍使用，海水晒盐节约燃料，但是受天气限制，占地较大，所需人工成本高，需要加以改进；冷冻法在高纬度国家应用较多，其原理是首先使海水结冰，然后去冰浓缩制成盐；电渗析法是一种新的制盐方法，既能节省土地和人力，又不受季节影响。

海水提锂

　　锂是自然界最轻的银白色金属，锂因活泼的化学性质和突出的物理性质而被应用到很多领域。锂及其盐类是国民经济和国防建设的重要战略物资，也是与人们生活息息相关的新型绿色能源材料，有"金属味精"和"推动世界进步的能源金属"的美誉。目前提取锂以锂矿石和盐湖卤水为主，陆地资源将无法满足相关高新技术产业发展的需要，因此，各个国家都高度重视蕴藏量丰富的海洋锂资源的开发。

海洋锂资源

　　自然界中锂元素主要富存于锂矿石、盐湖卤水、海水和温泉等中，其中世界海水中锂的储量为陆地的几万倍。

震撼世界的蘑菇云

　　1967年6月17日，中国新疆罗布泊上空腾起巨大的蘑菇云，震惊了全世界，这是中国第一颗氢弹爆炸成功。这颗氢弹就是利用氘化锂和氚化锂来代替氘和氚装在氢弹里充当炸药的，锂和锂化物可作为高能燃料，从而达到氢弹爆炸的目的。

提取锂的方法

　　海水提锂主要有两种方法：溶剂萃取法和吸附法。但海水中锂含量低，元素锂又与钠、镁共存，提取技术难度较大，吸附法被认为是最有效的海水提锂方法。所选用的吸附剂中无定型氢氧化铝吸附剂的吸附能力最强，性能最优越。

锂的用途

　　锂及其化合物在陶瓷、化工、医药、电子、玻璃、空调、高能电池和热核反应等方面都有广泛应用。

❶ 锂是理想的电池原料，正广泛应用在便携的电子类产品（如移动电话、笔记本电脑、数码摄像机等）中。

❷ 锂铝和锂镁合金，是高度轻质合金，它们具有耐高温、耐腐蚀、耐磨损、抗冲击性能好等优点，是导弹、火箭、飞机、卫星和飞船的理想结构材料。被称为"明天的宇航合金"。

❸ 锂作为玻璃、陶瓷及搪瓷用釉原料的添加成分，可使制品具有特殊的性能。

❹ 火箭升空需要有能够瞬间产生巨大能量的燃料作为推动力。1千克锂通过热核反应放出的能量相当于20000多吨优质煤的燃烧。因此锂或锂化合物制成的固体燃料可用作火箭、导弹、宇宙飞船的推动力，不仅能量高，而且燃速大。

海水提铀

    铀是一种银白色天然放射性金属元素，不同富集度的铀可分别用于制成核燃料、核武器装料、穿甲弹等。海水中铀的蕴藏量约45亿吨。日本是世界上第一个开发海水铀源的国家，中国在20世纪70年代初开始研究海水提铀。

海洋铀资源

    陆地上的铀矿资源非常有限，铀矿储量只不过100万吨，而海水中却有取之不尽的铀矿藏，高达45亿吨之多，是陆地储量的4500倍。有人测算，1千克铀可供利用的能量相当于2250吨优质煤的燃烧。

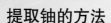

拓展   **核裂变**

    核裂变又称核分裂，是一个原子核分裂成几个原子核的变化。只有一些质量非常大的原子核，像铀、钍和钚等才能发生核裂变。这些原子的原子核在吸收一个中子以后会分裂成两个或更多个质量较小的原子核，同时放出2~3个中子和很大的能量，又能使别的原子核接着发生核裂变，使这一过程持续进行下去。原子核在发生核裂变时，释放出巨大的能量称为原子核能。

提取铀的方法

    目前正在研究的提铀方法有3种：一是气泡分离法，通过起泡剂将海水中的铀聚集在泡上，但现今只限用于实验室；二是生物富集法，通过海藻进行富集铀的方法，目前法国已经筹建了这种提铀的工厂；三是吸附法，通过吸附剂吸附铀，目前水合氧化钛是世界上海水吸附提铀最主要的吸附剂，每克吸附铀量可达1毫克以上。

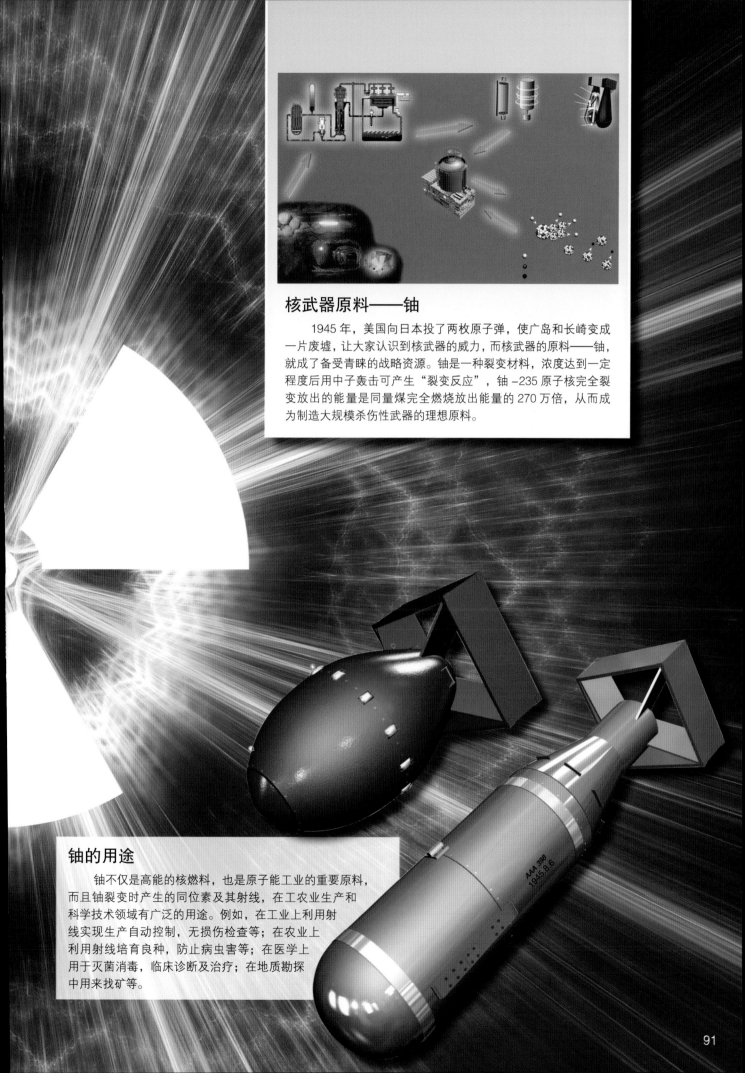

核武器原料——铀

　　1945年，美国向日本投了两枚原子弹，使广岛和长崎变成一片废墟，让大家认识到核武器的威力，而核武器的原料——铀，就成了备受青睐的战略资源。铀是一种裂变材料，浓度达到一定程度后用中子轰击可产生"裂变反应"，铀–235原子核完全裂变放出的能量是同量煤完全燃烧放出能量的270万倍，从而成为制造大规模杀伤性武器的理想原料。

铀的用途

　　铀不仅是高能的核燃料，也是原子能工业的重要原料，而且铀裂变时产生的同位素及其射线，在工农业生产和科学技术领域有广泛的用途。例如，在工业上利用射线实现生产自动控制，无损伤检查等；在农业上利用射线培育良种，防止病虫害等；在医学上用于灭菌消毒，临床诊断及治疗；在地质勘探中用来找矿等。

海水提镁砂和溴素

镁和溴均被广泛应用于医药、农业、工业和国防等领域。随着人口不断增多和工农业不断发展，对镁、溴的需求量将与日俱增。海水中镁储存量高，仅次于钠和氯，而地球上绝大部分的溴素储存在海洋中，为了满足人类需求，海水提镁和溴显得尤为重要。

海水中的镁资源

镁在海水中的含量仅次于氯和钠，每升海水中含有 1290 毫克的镁，总储量约为 1800 亿吨，主要以氯化镁和硫酸镁的形式存在。全世界镁砂的总产量为 760 万吨 / 年，其中约有 260 万吨是从海水中提取的。

镁的用途

镁正被广泛应用于农业、医药、国防、工业等领域。含镁的肥料可以促进作物对磷的吸收，镁化合物可以用作泻药。镁合金不仅用于火箭、导弹、飞机制造业以及汽车和精密仪器等各个领域，还可用于钢铁工业。镁还可作为新型无机阻燃剂，用于多种热塑性树脂和橡胶制品的提取加工。

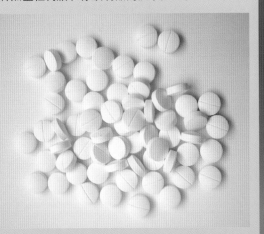

拓展 **海水提镁砂的奥秘**

从海水中提取镁砂最基本的奥秘是往海水中加入碱，使海水沉淀。生产简要过程是：首先把海水引入沉淀槽，再添加石灰粉使之与海水快速反应，经过沉降、洗涤和过滤，就可以得到氢氧化镁沉淀，再进一步炼烧就可以得到耐火材料氧化镁。

海水中溴素的含量

地球上 99% 以上的溴都蕴藏在汪洋大海中，故溴有"海洋元素"的美称。海水中溴的浓度较高，在海水中溶解物质顺序表中排行第七位，每升海水中含有溴 67 毫克。海水中的溴总量有 95 亿吨之多。

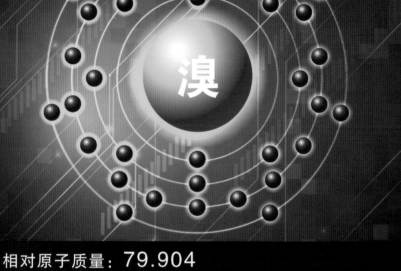

35　Bromine　Br

溴

相对原子质量：79.904
核外电子分布：2,8,18,7

溴素的用途

溴是一种贵重的药品原料，可生产消毒剂，以及青霉素、链霉素等各种抗生素药物，溴还可以制成熏蒸剂、杀虫剂、镇静剂等。在其他工业上溴的用途也很广泛，目前大量用作燃料的抗爆剂，用溴能生产溴丁橡胶和精炼石油。

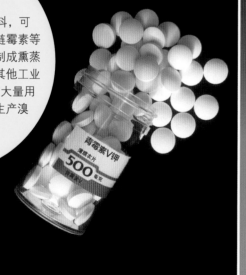

溴素提取方法

从海水中提取溴素主要有两种方法：一是空气吹出法，通过氯气氧化海水中的溴离子，使其变成溴，然后通入空气或水蒸气，将溴吹出来；二是吸附法，用强碱性阴离子交换树脂做吸附剂，每克干树脂的吸附量为 0.06 克。

苦卤化工

苦卤是海水提取食盐后的残液，含有多种成分，在食品、化工等方面有重要应用，可以从中提制氯化钾、氯化镁、溴素和无水硫酸钠等，最后制成卤块。苦卤是宝贵的资源，但若不加以有效利用，苦卤渗入地下会影响地下水水质。目前中国传统的兑卤法生产工艺能耗高，提取率低，而且产品的附加值低。

变废为宝

苦卤是一种珍贵的矿产资源，含有高浓度的钾、溴、镁、钠等成分。苦卤如果不加以充分利用，不仅是资源的浪费，而且苦卤排入大海后，会使近海海水咸度增高，影响海洋生态环境。中国已经有企业将苦卤送到化工车间，将苦卤变废为宝。

苦卤综合利用新工艺

中国从 20 世纪 60 年代开始苦卤综合利用技术的研究开发工作，从前采用传统的兑卤法生产工艺，为了高效开发利用苦卤资源，必须充分开发苦卤利用新工艺。例如，利用海水及苦卤提取钾肥产品的精细化和系列化技术，低度卤水及海水提溴技术，镁盐材料的功能化技术等。

氯化钙

氯化钙是典型的离子型卤化物，也是一种重要的化工产品。氯化钙可作为道路的融雪剂、防冻剂，对路面和路基有良好的养护作用，也可作为干燥剂和脱水剂，还可以作为食品添加剂和保鲜剂等。

氯化钾

氯化钾外观如同食盐，味极咸，无臭无毒，有吸湿性，易结块，用途非常广泛，主要用于无机工业。可作为制造各种钾盐的化工原料，也可用于消炎剂、利尿剂及防治缺钾症药物的原料，又可制造钢铁热处理剂等。

拓展 **苦卤化工的循环经济、节能减排**

长期以来，受技术水平的限制，制盐过程中的副产品苦卤未得到充分利用，利用率极低，这些浪费的苦卤资源排入大海或在盐田循环，既造成了资源的浪费又影响了近海海域的生态平衡。改变传统盐化工的生产工艺，开发新技术、新装备，降低苦卤化工的生产成本，实现绿色循环经济，节能减排，是未来苦卤化工的发展方向。

硫酸镁

硫酸镁易溶于水，在空气（干燥）中易风化为粉状，加热时逐渐脱去结晶水变为无水硫酸镁。硫酸镁在农业上被用于肥料及饲料；在工业上是制造锌钡粉和其他锌盐的原料，也是制造黏胶纤维和维尼纶纤维的重要辅助材料，还可用作木材与皮革剂，以及电镀、浮选矿等；在制药上用于制造泻药、抗惊厥药等。

硫酸钾

硫酸钾是一种无色结晶体，吸湿性很小，不易结块。硫酸钾的用途十分广泛，在农业上可用作速效钾肥，制造钾盐，染料工业上用于制中间体，玻璃工业上用作澄清剂，香料工业上用作助剂，医药工业中用作缓泻剂、血清蛋白生化检验，食品工业上用作添加剂、膳食用代盐剂等。

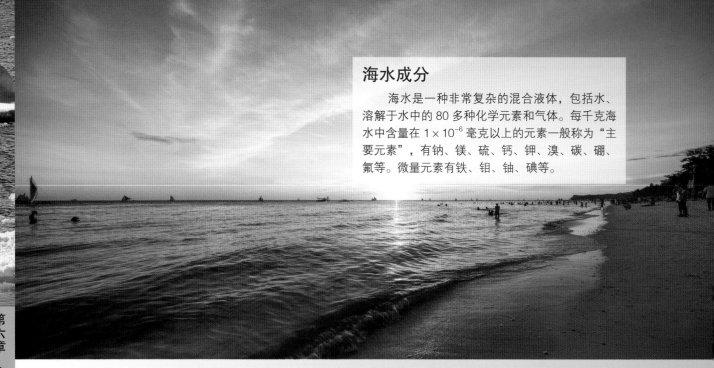

海水成分

　　海水是一种非常复杂的混合液体，包括水、溶解于水中的 80 多种化学元素和气体。每千克海水中含量在 1×10^{-6} 毫克以上的元素一般称为"主要元素"，有钠、镁、硫、钙、钾、溴、碳、硼、氟等。微量元素有铁、钼、铀、碘等。

海水淡化

　　海水约占地球总水量的 97%，但海水含盐量高，不能直接饮用，也不能大量地直接用于工农业生产。地球上的淡水资源极其有限，分布也很不均匀，绝大部分分布在南北两极的冰雪世界，很难开发利用。解决淡水资源短缺的根本出路就是海水淡化。海水淡化是将海水中的盐分和水分进行分离，生产生活或工业用水的过程。主要方法有蒸馏法、电渗析法、反渗透法和冷冻法等。

海水淡化副产物——浓盐水

　　海水淡化产品包括两部分：淡水和浓缩盐水，淡水可以用作人们的生产生活，而浓缩盐水是含盐浓度更高的海水，怎样把浓盐水"变废为宝"？利用浓盐水制盐，提纯钠、镁、溴及化合物，可以实现海水资源循环使用、零污染、零废料、低能耗、高效益。

拓展 海水中常量元素的恒比定律

海洋化学上著名的马塞特·迪特马（Marcet–Dittmar）恒比定律对海水中主要溶解成分的恒比关系是这样描述的，"尽管各大洋各海区海水的含盐量可能不同，但海水主要溶解成分的含量间有恒定的比值"。海水主要成分的恒定性会受到一些因素的影响而略有差别。

海水淡化潜力巨大

　　中国的人均水资源只有全球平均水平的四分之一。海水淡化主要是为了提供饮用水和农业用水，有时食用盐作为副产品被生产出来。但是海水淡化面临能源高耗费问题，中国已经掌握了膜技术等海水淡化的关键技术，使得海水淡化成本大幅度下降。在淡水资源日益紧张的形势下，发展海水淡化的潜力巨大。

海冰利用的前景

　　海冰是由海水冻结而成的咸水冰，包括流入海洋的河冰和冰山等。中国境内会形成海冰的海域主要包括辽东湾、渤海湾、莱州湾和黄海北部。海冰能够封锁航道和港口，严重威胁舰船航行和海上生产安全，但海冰具有可再生和低含盐量的特征，我们可以将海冰作为淡水资源开发利用，为沿海地区的工农业用水和城市用水开辟新资源，这是今后海冰研究的必然趋势。

海冰可再生

　　海冰资源是一种可更新资源，其更新周期分为年际周期和年内周期。年际周期是指每年冬季随着气温的降低，海冰将发生发展；年内周期指在一个冬季里，一旦将海冰取走后，在一定的时间和低温范围内，海冰将再次冻结生成。

海冰水灌溉

　　北京师范大学科研团队分析了海冰水灌溉对14种农作物的产量以及对土壤含盐量的影响，在河北沧州，海冰水灌溉农田项目也在中捷友谊农场试验成功。据了解，海冰淡化每吨成本不超过4元，既可作为饮用水，也可用于工农业生产。

海冰采集淡化技术

中国是世界上率先开展海冰资源淡化研究和实际开发利用的国家。1995年，中国提出并组织开展渤海海冰资源淡化的基础研究。北京师范大学科研团队在世界上首次完成了陆基海冰采集、脱盐、存储和海冰水的农业应用试验，自主研制出"海冰固态重力脱盐方法"。

拓展 　　预防轮船撞冰山

随着南极热的兴起，每年前往南极的游客从1969年的数百人到现在的几万人。据国际南极旅游组织协会介绍，虽然大多数团队旅游路线不会太靠近冰山众多的海域，但轮船撞冰山的风险仍不可避免。

海冰低含盐率

海冰是淡水冰晶、卤汁和气泡的混合物。海冰的盐度是指其融化后海水的盐度，其含盐量远远低于海水含盐量。海冰盐分的多少与海水的含盐量、结冰过程的快慢、海冰形成时间都有关系，在极地的多年老冰中，盐度几乎为零。

第七章　海洋空间资源

海洋空间资源是由海岸、海上、海中和海底组成的，可用作交通、生产、储藏、军事、居住和娱乐场所的空间资源。包括海上运输、港口、人工岛、海上机场、海底城市、跨海大桥、海底隧道等。随着世界人口的不断增长，陆地可开发利用的空间越来越狭小，而海洋不仅拥有辽阔的海面，更拥有深厚的海底和潜力巨大的海中。因此，海洋空间资源有广阔的领域和开发前景，将给人类生存发展带来新的希望。

海上运输

海上运输，简称海运，是指在海洋地理区域内，使用船舶进行运输的事业，它包括海港码头、运输船舶和海上航道等要素。目前国际贸易总运量中，三分之二以上的货物运输是利用海上运输完成的。其优点在于运载量大、运输能力强、运费低廉，适宜对各种笨重的大宗货物作远距离运输。海洋运输是海洋空间资源开发的传统领域，同时也是现代海洋产业中的支柱产业。

海运的诞生史

古埃及人是最早开始航海的民族。帆船最早出现在尼罗河流域，距今已有6000多年的历史，帆船是埃及古代航运保持长时期繁荣的主要工具。随后大西洋沿岸的航运业开始发展。1902年，内燃机的出现，使海运航行摆脱了对自然力的依赖，运输能力、装卸能力和安全性都得到极大提高，使海洋航行开始成为社会生产的一个重要行业。

中国航运业

中国约有1.8万千米的大陆海岸线和12.3万千米的内河航运线，得天独厚的自然条件为中国航运业的发展奠定了良好的基础。改革开放以来，经济的蓬勃发展，为中国的航运事业的兴起和发展提供了机遇与动力。多年的奋斗使中国航运事业取得了巨大的发展，船舶结构逐步优化，建设了一批沿海港口，集装箱运输规模也在迅速扩大，市场综合服务竞争能力占据了相当高的国际地位。

"海上生命线"

　　海峡和洲际运河是重要的海上运输线。马六甲海峡位于马来半岛和苏门答腊岛之间，呈东南—西北走向，西北端和印度洋的安达曼海相通，东南端连接中国南海。马六甲海峡是沟通太平洋和印度洋的国际水道，是亚、非、澳、欧沿岸国家往来的重要海上通道，许多发达国家进口的石油和战略物资都要经过这里，海运繁忙，每年平均有8万艘油船通过，所以被称为"海上生命线"。

马六甲海峡
长度：960千米
承载航运量：每年约50000船次
承载全球航运贸易量：约三分之一
承载全球原油航运量：约一半

槟榔屿
马来西亚
吉隆坡
马六甲
马六甲海峡
新加坡
南海
印度尼西亚

准备好了！

丝绸之路经济带
亚投行
核电
高铁

那我们就开始来回奔波吧！

海上丝绸之路

新"海上丝绸之路"

　　丝绸之路是古时对中国与西方所有来往通道的统称。海上丝绸之路是指经过海路到达西方的路线，是古代中国与外国交通贸易和文化交往的海上通道。新"海上丝绸之路"设想是将中国和东南亚国家临海港口城市串起来，通过海上互联互通、港口城市合作机制以及海洋经济合作等途径，最终形成海上"丝绸之路经济带"，这不仅造福中国与东盟各国，而且能够辐射南亚和中东地区。

拓展 **世界知名的海上贸易通道**

　　世界上有8条著名的海上航线：苏伊士运河航线、好望角航线、北太平洋航线、巴拿马运河航线、南太平洋航线、南大西洋航线、北冰洋航线、北大西洋航线。它们都是世界上重要的海上贸易和交通运输航线。

港口

　　港口是海洋运输船舶停泊、中转和装卸货物、上下旅客、补充给养的场所，也是人们开发利用海洋空间资源的主要场所。随着贸易自由化的发展，现代化的港口已经不再是一个简单的货物交换场所，而是国际物流链上的一个重要环节。世界港口正朝着大型化、深水化发展。中国现有沿海港口150多个，它们是国民经济和社会发展的重要基础设施，有力地支撑了社会经济和贸易发展，对国家综合实力的提升、综合运输的完善等具有十分重要的作用。

拓展　　世界著名的港口

　　位于莱茵河出海口的"欧洲门户"——荷兰鹿特丹港，位于亚太地区太平洋及印度洋之间重要的航运要道——新加坡港，运输网四通八达的天然深水港之一——纽约港，美国第二大集装箱港——洛杉矶港，德国最大的港口——汉堡港，西班牙最大的海港——巴塞罗那港。

港口码头

　　码头是指海边、江河边供船舶停靠、装卸货物和上下旅客的人工建筑物。中国著名的港口和码头有广州市天字码头、上海港、香港中环码头、湾仔码头、台湾高雄港、基隆港等。未来港口码头将朝着大型化、专业化方向发展。

港口工程

　　港口工程是兴建港口所需的各项工程设施和工程技术，包括港址选择、工程规划设计及各项设施的修建。中国筑港事业开始的标志是1952年天津新港的修复和开港。1956年中国自行设计施工建成了第一座大型港口——湛江港。目前，中国港口码头结构的大型化、机械化和专业化方面已经步入世界先进水平。

泊位

泊位是指港区内能停靠船舶的位置，是专门进行装卸货物的场所。泊位的数量与大小是衡量一座港口或码头规模的重要标志。一座码头可能由一个或几个泊位组成，泊位数可以影响港口的吞吐能力、船舶在港状况。中华人民共和国成立初期，仅有大小泊位200多个，发展到今天已有泊位3万多个。未来港口码头泊位建设的方针应从数量转向质量。

港口堆场

港口堆场又称货场，是港口用以堆存和保管待运货物的露天场地，为货物在装船前卸船后提供短时期的存放。主要用于存放不怕日晒、水湿的大宗散货及袋、桶、箱装货物，如煤、铁及机器设备、笨重货物等。在仓库紧张时，也可用于堆存有包装的货物，如化肥、粮食等。

浮式码头

浮式码头就是浮在水面上，可随着水位升降而升降的码头，码头面和水面高差较小，有利于船与码头之间的作业。2013年11月，中国首个浮式液化天然气码头——中海油天津浮式液化天然气码头通过验收，到2014年3月，对外输气已超1亿立方米，这些天然气应用于居民用气，工业、商业用气等领域，有效缓解了天津市冬季天然气紧缺及京津冀的大气污染压力。

顺岸式码头

码头根据其平面布置形式可以分为顺岸式码头、突堤式码头和墩式码头等。码头前沿线与岸线平行的称为顺岸式码头，广泛应用于河港和河港口。目前国内的顺岸式码头有广东深圳经济特区蛇口工业区顺岸式码头、上海外高桥顺岸式码头以及青岛港顺岸式码头。

人工岛

　　人工岛是人工建造而非自然形成的岛屿，是人类利用现代海洋工程技术建造的海上生产和生活空间，可用于建造石油平台、深水港、飞机场、核电站、钢铁厂等，是缓解沿海发达城市发展难题的途径之一。目前世界上著名的人工岛有香港国际机场、日本关西国际机场、迪拜棕榈岛等。

中国古代人工岛

　　人工岛的历史很长，最早可以追溯到史前时期的苏格兰和爱尔兰，中国明代嘉靖年间已有海上造岛的文字记载。古代人工岛规模较小，分为渔墩、潮墩和烟墩，其中渔墩和潮墩是渔民和盐民躲避大潮或风雨的场所。烟墩又称烽火墩，是保卫海防的一种军事设施。

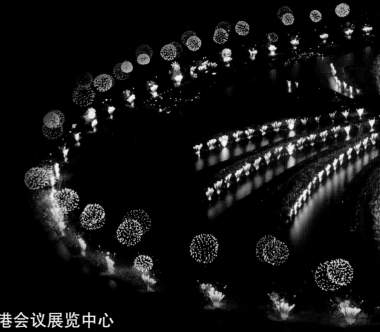

香港会议展览中心

　　香港会议展览中心竣工于 1988 年 11 月。香港会议展览中心新翼是由填海扩建而成，坐落在维多利亚港上一个面积 65000 平方米的人工岛上。它独特的飞鸟展翅式形态，给美丽的维多利亚港增色不少。

拓展　世界上最大的人工群岛

　　迪拜"朱美拉棕榈岛"是全球首个棕榈叶形状的岛屿，号称"世界第八大奇迹"。岛上桥梁、灌溉网络、自来水输送网、天然气管道、通信、卫生系统、电网、公路、海洋俱乐部、消防系统等设施应有尽有。

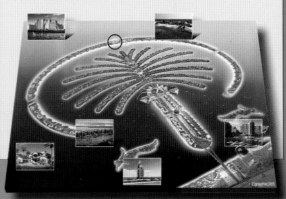

垃圾人工岛

　　太平洋是目前世界上容纳塑料废物量最大的海域。荷兰科学家提出将海洋垃圾"变废为宝"的构思：建造一个浮动的"人工岛"。这座"垃圾人工岛"将依靠太阳能和海浪能提供能源，足可供 50 万人在岛上安居乐业，过上自给自足的生活。垃圾人工岛的构思不仅使得人类能把海洋大量的塑料污染清理干净，还能从海洋里创造出一个新的"浮动栖息地"。

围海造田

围海造田是在海滩和浅海上建造围堤阻隔海水，并排干围区内积水使之成为陆地。古时有精卫填海的传说，现在有人类围海造田的奇迹。早在 2000 年前的汉朝，中国就开始围海造田的脚步。近代围海造田较发达的国家有荷兰、日本、阿拉伯联合会酋长国、中国等。最著名的填海工程——迪拜棕榈岛被誉为"世界第八大奇迹"。

俄罗斯人工岛

为了迎接 2014 年俄罗斯索契冬奥会，俄罗斯在索契市附近的黑海海域兴建了一座占地 350 万平方米的人工岛。人工岛的外形完全依照俄罗斯版图而建，可以说是一个"袖珍版俄罗斯"，堪称一个"国中之国"。岛上兴建两个码头，还有大量房屋别墅和人工山脉河流，最多可容纳 2.5 万人居住。

施工方法

人工岛工程主要包括岛身填筑、护岸和岛陆之间交通联系 3 部分。岛身填筑的施工方法有两种，分别是先抛填后护岸和先围海后填筑。先抛填后护岸法适用于掩蔽较好的海域，而对于风浪较大的海域则适宜采取先围海后填筑的方法。为了防区域浪潮，护岸通常要高于岛内陆域，一般护岸常采用斜坡式和直墙式。

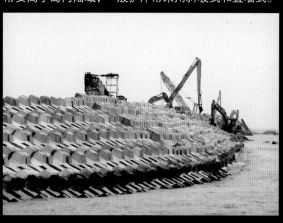

设计中的美国"自由号"巨型邮轮

美国自由之船国际公司打算制造一艘史无前例的"世界最大的超级邮轮"。它相当于目前全球最大邮轮"玛丽女王二世号"的 4 倍，相当于"泰坦尼克号"的 13 倍。预计长 1400 米，宽 230 米，船体高度 110 米，相当于普通的 37 层楼高。船上包括 1.8 万个居住套房、世界上最大的海上体育馆、高尔夫球场及歌剧院等，堪称是一艘海上"浮动城市"。

中国珠澳口岸人工岛

珠澳口岸人工岛是港珠澳大桥主体工程与珠海、澳门两地的衔接中心，相当于近 300 个足球场大的巨型人工岛，是港珠澳大桥项目中填海面积最大的人工岛工程，建成后能抵御珠江口 300 年一遇的大洪潮，还建有环岛公路和景观带，具备观光功能，游客在岛上行车可以自由观赏零丁洋风光。

香港国际机场

香港国际机场位于大屿山赤鱲角，由两座较小的岛屿以及填海地合并而成，是填海建设的优秀成果。香港国际机场占地1255公顷，相当于86个足球场，四分之三是填海而成，每年可接纳3500万游客。香港国际机场是亚洲的客货运枢纽，是世界上最繁忙的货运中心之一，曾被评为"20世纪全球十大建筑"之一。

海上机场

机场建设一直受两个问题的困扰，一是会占用大量的土地资源，二是机场噪声扰民。于是，聪明的人们把目光转向了广阔的海洋。在海上建造机场既能减轻地面的空运压力，又能减少飞机噪声和废气对城市的污染，而且还可以使飞行员视野开阔，保证飞机起飞和降落时的安全。

澳门国际机场

澳门国际机场是继日本大阪关西机场之后，全球第二个完全由填海造陆而建成的国际机场。机场跑道建于一个条状的填海地段上，由跑道区、航站区和两座联络桥三大主体工程组成。澳门国际机场的建成，架起了澳门通往世界各地的空中桥梁，提升了澳门在国际上的知名度，并极大地促进了澳门的发展和长期繁荣。

日本关西国际机场

日本关西国际机场是日本建造海上机场的伟大壮举，也是日本人围海造地工程的杰作。关西机场是一座浮动式海上机场，也是亚洲著名的航空港之一，位于大阪市东南，于1987年动工，1994年投入使用。岛上除了机场外，并配有现代化的商场、旅馆以及其他配套设施，在当时被誉为"轰动世界的壮举"。

海洋工程的创举

机场的发展至今已经有 100 多年的历史，全世界共有 10 多个海上机场。日本的东京机场、美国的夏威夷机场、新加坡的樟宜机场，都是填海造地修建的机场。日本关西国际机场是浮动式海上机场。英国伦敦第三机场是建在人工岛上的机场。美国纽约拉瓜迪亚机场是用钢桩打入海底建立的桩基式海上机场。

拓展 **海上机场的缺点**

飞机的频繁起降会使海上跑道更容易出现裂纹，这将给飞行安全带来致命隐患。海上机场造价高昂，是建造内陆机场的 10 倍左右，如果再加上未来的维护和修补，其总体成本甚至可能达到普通机场的 20 倍之多。

海底城市

　　人们总是在不断拓展自己的生存空间，从干燥的沙漠、浩瀚的太空到遥远的月球，甚至神奇的海底，都留下了人类的足迹。在海底建设城市，开拓人类新的生存空间，正在逐步由幻想成为现实。要寻找一片安静的海域作为定居点，一般宜选择离大陆架较近的、海底环境趋于平和的海底。

拓展　　**神秘的亚特兰蒂斯**

　　在人类的文明史上，有一个神秘的地方，它的名字叫作亚特兰蒂斯，它拥有巨额的财富和极其发达的超级文明。然而，一个传奇的城市却在一天一夜时间就消失在大海中。几个世纪之后，美国领导的一个研究小组指出他们在西班牙南部的潮泥滩下方发现了这座被海啸吞噬的城市。

人类的第二家园

　　海洋是一个美丽富饶的生命大摇篮，既给了我们丰富的资源，还提供我们赖以生存的环境。海底城市就是完全利用海洋资源的杰作，是人类的第二个梦想家园。位于美国佛罗里达州的凡尔纳海底酒店就是梦想照进现实的最美解释。

马尔代夫海底餐厅

　　马尔代夫的海底餐厅位于希尔顿度假酒店，在印度洋海平面以下 6 米处的一个珊瑚礁上，是世界上第一家全玻璃的海底餐厅。该餐厅采用抗水压、透明的丙烯酸酯材料作为餐厅的四壁和屋顶，餐厅可容 12 人同时就餐。就餐时可以透过玻璃观赏外面的各种海洋生物在珊瑚礁间穿梭。人们在里面用餐，就好像置身于鱼缸内，而鱼在外面往里看。

迪拜海底酒店

　　迪拜海底酒店是迪拜奢华独特的疯狂建筑艺术的代表,创造性地将科幻小说《海底两万里》中的描述变为了现实,酒店有 220 个水泡式的水下树脂玻璃套房,豪华程度令人叹为观止。迪拜海底酒店并不全部在海底,也有海上部分。酒店两座拱形的建筑——音乐厅和舞厅主要位于水下,贯穿阿拉伯湾的蓝色水面。舞厅的圆顶是可以伸缩的,游客可以在迪拜辽阔的海岸线、地平线的背景下欣赏露天节目。

凡尔纳海底酒店

　　1994 年,美国在佛罗里达州基拉各市的浅海底建造了世界上第一家海底大酒店——凡尔纳海底酒店。它内部装修富丽堂皇,最特别的就是从酒店的每个房间的窗口都可以看到海洋里的鱼虾贝类,仿佛置身神话故事中的水晶宫,而且还可以穿上酒店提供的潜水服在海底自由游览,非常诱人。

跨海大桥

　　跨海大桥是指横跨海峡、海湾等海上的桥梁，是人类利用海洋空间的一种方式，其功能是连接海峡或陆地与岛屿之间的交通，为沿海地区的经济发挥作用。世界知名的跨海大桥有美国的金门大桥、日本横滨湾跨海大桥、德国玛格德堡水桥、中国胶州湾跨海大桥、澳门的澳凼大桥等。

世界最长的跨海大桥——胶州湾跨海大桥

　　胶州湾跨海大桥即青岛海湾大桥，全长 36.48 千米，是当今世界上最长的跨海大桥。它采用跨海高架公路的形式，进一步完善了青岛市东西跨海交通联系，拉近了黄岛开发区与青岛核心腹地的距离，改变了胶州湾天堑阻隔，实现了"大青岛"发展规划的格局。胶州湾跨海大桥创造了中国乃至世界的数项桥梁"历史之最"，成为青岛市的重要标志性建筑，是中国桥梁史上辉煌的篇章。

杭州湾跨海大桥

　　杭州湾跨海大桥是中国自行设计、管理、投资、建造的特大跨海大桥，全长 36 千米。其施工工艺科技含量非常高，是一座"数字化大桥"，工程创多项世界或国内之最，用钢量相当于 7 个国家体育场（"鸟巢"），可以抵抗 12 级以上台风。大桥在海面上有 4 个转折点，从空中鸟瞰，呈 S 形蜿蜒跨越杭州湾，优美灵动。

亚洲第一座特大型三跨连续全漂浮钢箱梁悬索桥——海沧大桥

　　海沧大桥坐落在厦门西港中部,是从厦门岛通往海沧的一座内海湾公路大桥,于1996年12月动工,1999年12月顺利通车。其悬吊结构在国内首次采用不设竖向塔支座的全漂浮连续结构,代表着20世纪中国建桥水平的最高成就。

中国第一座跨海大桥——厦门大桥

　　厦门大桥于1988年1月正式动工,1991年4月主体工程竣工,是中国第一座跨越海峡的公路大桥。全桥分跨海主桥、集美立交桥和高崎引桥三部分。厦门大桥的建成,改善了厦门陆路运输条件,大大加强了厦门与岛外的联系,使厦门经济特区实现了真正的腾飞。

港珠澳大桥

　　港珠澳大桥是中国筹划中的跨海大桥,是连接香港大屿山、广东省珠海市和澳门的大型跨海通道,于2009年动工建设,计划于2017年完成一期工程。桥跨海逾35千米,相当于9座深圳湾公路大桥,建成后将成为世界最长的跨海大桥;大桥将建长6千米多的海底隧道,施工难度世界第一;港珠澳大桥建成后,使用寿命长达120年,可以抗击8级地震。

海底隧道

　　为了沟通海峡、海湾之间的交通和联络，美国、西欧、日本、中国等在海底之下兴建了供人员及车辆通行的海洋建筑物，即海底隧道。海底隧道不占地，不妨碍航行，不影响生态环境，是一种非常安全的全天候的海峡通道。当今世界具有代表性的跨海隧道工程有英吉利海峡隧道、日本青函隧道和对马海峡隧道、中国厦门翔安海底隧道、中国青岛胶州湾海底隧道和中国厦门海沧海底隧道等。

香港海底隧道

　　中国香港特别行政区共有 3 条海底隧道：港九中线海底隧道、港九东线隧道、西线隧道。香港海底隧道是香港重要的运输方式，也是香港最繁忙、使用率最高的道路。3 条海底隧道越过维多利亚海峡，把港岛与九龙半岛连接起来，舒缓过港道路及地铁的载运量，带动九龙半岛东区及香港的开发，使日益繁荣的香港交通无阻。

中国最长的海底隧道——胶州湾海底隧道

　　胶州湾海底隧道全长 7.8 千米，是中国建设的第二条海底隧道，位于胶州湾湾口，2010 年 4 月全线贯通。使得青岛至黄岛由高速公路通行的一个半小时、轮渡通行的 40 分钟缩短到 5 分钟，彻底摆脱曾经"青黄不接"的历史。

厦门翔安海底隧道

　　厦门翔安海底隧道是中国内地第一条海底隧道。翔安海底隧道是厦门本岛连接岛外翔安区的一条重要通道，交通流量大，所以，翔安海底隧道的断面必须更大才能满足交通需求，隧道的最大断面达 170.7 平方米，也是世界上断面最大的海底隧道。翔安海底隧道的光线很好，并且洞内装有国内最先进的消防系统，安全措施很好。

拓展

设计中的渤海隧道

　　目前还在计划中的渤海隧道，是连接山东省蓬莱与旅顺的横跨渤海海口的海底通道，即在渤海海峡底部挖一条海底隧道，建成后从大连到烟台最多只需 40 分钟。预计海底隧道全长 123 千米，平均深度 20~30 米，这一跨度将使渤海海峡跨海通道远超日本青函海底隧道（约 54 千米）、英吉利海峡海底隧道（约 51 千米）。

设计全长：**123千米**
*远超日本青函海底隧道(约54千米)、英吉利海峡海底隧道(约51千米)

平均深度**20~30米**，最深约**70米**

建成后从大连到烟台耗时：最快仅需**40分钟**

整体投资：约**2600亿元**

辽东半岛与山东半岛航线
铁路、公路：
需绕行山海关，路程均在1600千米以上，运输效率低，运输成本高。
海运：
乘船需7个小时左右，但每年均有1个多月因风浪频繁不能通航。
轮渡：
烟大铁路轮渡已经运行，但往来仍耗时太长

渤海海峡跨海通道

通车方式
建立全封闭的铁路海底隧道

因海底隧道太长,汽车通行的话遇风问题无法解决。火车则可以很容易解决这一同题,并且亦可由火车载运汽车

英吉利海峡隧道

　　英吉利海峡隧道，即英法海底隧道，是一条连接英国与法国的铁路隧道。工程历时 8 年多，耗资约 100 亿英镑，也是世界上规模最大的利用私人资本建造的工程项目。隧道方便了欧洲各大城市之间的来往。

大连湾海底隧道

　　大连是美丽的海滨城市，深受大海的眷顾，但是海洋在一定程度上限制了这座城市发展的空间。大连湾海底隧道建设工程主线全长约 5.4 千米，主要结构形式为海底隧道、道路等，海底沉管隧道长 2.7 千米，在 2014 年全面启动，预计 2019 年完工，被称为大连市的"超级工程"。

海底电缆

　　海底电缆是将用绝缘材料包裹的导线，铺设在海底，用于电信传输。可分为海底电力电缆和海底通信电缆。海底电力电缆主要用于水下传输大功率电能，海底通信电缆主要用于通信业务。静静地躺在海底的电缆纵横交错，如同人的"神经"，形成快捷、高效的"海底网络"，将电力和通信信号传遍地球的各个角落。全世界第一条海底电缆是1860年在英国和法国之间铺设的。

光缆

　　现代的海底电缆都是使用光纤作为材料，使用光纤技术的电缆又称光缆，海底光缆是互联网信息传播的主干道。光纤传递信号具有品质高、可靠性强、抗电磁干扰、耐海水腐蚀等优点。1988年，美国、英国之间铺设了世界第一条跨越大西洋的海底通信光缆，标志着海底光缆时代的到来。

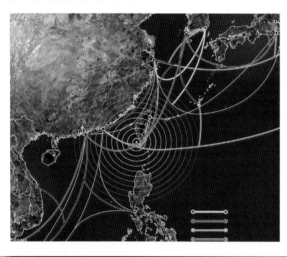

优势

　　同陆地电缆相比，海底电缆有很多优越性：一是铺设不需要挖坑道，因而投资少，建设速度快；二是除了登陆地段以外，电缆大多在海底，不容易受风浪等自然环境的破坏和人类生产活动的干扰，所以，海底电缆安全，抗干扰能力强，保密性能好。

中国最长的海底电缆

　　截至 2016 年，中国最长的海底电缆是海南联网工程中连接广东湛江徐闻和海南海口林诗岛的海底电缆，全长 30 千米。海南联网工程是中国第一个 500 千伏超高压、长距离、大容量的跨海联网工程，也是世界上继加拿大之后第二个同类工程。工程投产之后显著提高了海南电网的抗台风风险能力，有效提高了海南电网的运行可靠性和供电质量。

中国第一条海底电缆

　　中国于 1887 年建成的沪尾川石水线是中国电信史上第一条海底电缆，位于福州川石岛与台湾沪尾（淡水）之间，长 177 海里，主要是台湾府用来向清廷通报台湾的天灾、治安、财经信息，保持海峡两岸的密切联系。

拓展　唯一未铺设海底电缆的南极洲

　　南极洲是唯一没有铺设海底电缆的洲，在南极所有电话、视频和电子邮件都必须通过卫星。如果在南极铺设光纤电缆，必须要能承受南极洲高达 10 米的冰流，-80℃的温度等。在南极铺设海底电缆，目前仍然是一个不可行的经济和技术挑战。

海底寻宝

历史上由于地震、火山喷发、海啸等自然灾变，一些位于水边的居址、港口、墓葬等沉没于水中；在一些古代航线下，还保存有大量古代沉船和文物。这些都是海底的宝藏。

海底沉船

1912 年，豪华巨轮"泰坦尼克号"从英国的南安普敦出发驶往美国，这是它的第一次试航也是最后一次航行。在中途，"泰坦尼克号"撞到冰山不幸沉没。

世界海底考古发现

在 1857 年美国加利福尼亚州淘金热潮逐渐消退的时候，一艘装载有 13600 千克黄金的轮船遭遇了一场飓风，在南卡罗来纳州南部海岸沉没，船上所有的金条和新铸金币都沉到了海底。专门从事深海探测的奥德赛海洋勘探公司从这艘名为"SS 中美洲"的沉船中找到了 5 根金条和两个金币。

中国海底考古发现

"南澳一号"是一艘明朝向外运送瓷器的商船,因失事沉没于中国广东省汕头市南澳县附近海域。考古人员发现了船体的东西两侧舷板和船体桅座,桅座周围分布有成摞的铜板、龙纹陶罐等器物,桅座船板下方摆放着成摞的大盘。同时,考古队还在一个船舱内发现了罐装的大量铜钱。

淹没的宝藏

历史上大约每30个小时就有一艘远洋航船葬身大海。据考古学家估计,在全球的海洋中,共有数十万艘沉船。这些长眠海底的宝船引起了考古学家的极大兴趣,也吸引着无数觅宝的人们前来投资,他们纷纷组织打捞公司,希望找到埋葬在海底的无价之宝。

海底世界

博大深邃的海洋无时无刻不在演绎着气象万千的生命故事。而人与海洋的和睦相处，是地球生命形式多样化的美好体现。乖巧可爱的海豹、英武剽悍的大鲨鱼、五颜六色的珊瑚礁、千姿百态的海草和神秘的水下奇观……这些都是海底世界中特有的奇观。

畅游海底世界

随着海洋的广泛开发，越来越多的人喜欢遨游在海底世界，欣赏那陆地上看不到的海底奇观。畅游海底世界不仅仅为人们自身所享受，也被广泛运用在商业中。海底婚纱照、海底旅游等渐渐融入人们的生活之中，并被人们广泛接受。

海底观光

海底观光，是人类以海底环境为中心所从事的旅游活动。包括海底世界半潜观光、珊瑚礁水肺潜水、海底漫步、深海潜水摩托、香蕉船、拖曳伞、徒手潜水、玻璃观光船等娱乐项目，还有与之配套的海底酒店。发展海底观光，能够有效提高中国掌握海洋、主导海洋的发言权。

千奇百怪的海洋奇观

　　海洋是个富饶的宝库，也是世界上最神奇的地方。千姿百态的滩、礁、岛、洞与奇异美妙的动植物交织在一起，形成了一幅色彩斑斓的画卷，使人心驰神往。醉人的海上彩霞令人心旷神怡，若隐若现的海市蜃楼让人身临其境。

神秘的海底温泉

　　海底温泉多分布在海洋地壳扩张的中心区，即在大洋中脊及其断裂谷中。虽然在数量上不占优势，但海底温泉每年注入海洋的热水相当于世界河流水量的三分之一，等到海底旅游项目开发成熟之后，就能一窥其庐山真面目。

海底火山

　　所谓海底火山，就是形成于浅海和大洋底部的各种火山，包括死火山和活火山。海底火山的分布相当广泛。海底火山喷发的熔岩表层在海底就被海水急速冷却，但内部仍是高热状态，好像挤牙膏状。

第八章 海洋灾害与生态保护

　　海洋作为生命的摇篮，除了能净化空气和调节气候外，还是人类丰富的食物来源，交通运输和贸易的通道，给人类提供了各种丰富的资源和便利。但是，在某一瞬间，大海也会发脾气，给人类带来灾害。我们要合理利用海洋资源，保护海洋生态环境，以求人类与海洋和谐发展。

海洋灾害

　　浩瀚的大海蕴藏着人类取之不尽、用之不竭的宝藏，同时也给人类带来很多无法预测的灾害。海洋灾害是指海洋自然环境发生异常或激烈变化，导致在海上或海岸发生的灾害。常见的海洋灾害主要有灾害性海浪、海冰、海啸和风暴潮等。频繁的海洋灾害给人类带来经济上的巨大损失，甚至会使沿海地区人民家破人亡。

台风知识

　　台风是指中心持续风速在12~13级的热带气旋。台风往往会引起巨大的风暴潮，这种热带风暴潮来势猛、速度快、强度大、破坏力强。

风暴潮

　　风暴潮是发生在海洋沿岸的一种严重自然灾害，这种灾害主要是由强风等强烈天气变化对海面发生作用而导致水位急剧升降的现象。风暴潮分为由台风引起的台风风暴潮和温带气旋引起的温带风暴潮两大类。

拓展　　　**渤海的特大冰封**

　　1969年，中国渤海发生了有记载以来最严重的一次特大冰封，海冰摧毁了"海二井"石油平台，海港受到海冰堵塞和封锁，海上所有舰船受阻被困，致使渤海海上交通运输处于瘫痪状态，造成了惨重的经济损失，也在国际上产生了不良影响。

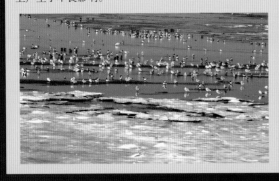

海啸

当发生海底地震、火山爆发、水下塌陷和滑坡时，原本平静的海平面就会在短时间内产生水位大幅度升降，激起巨浪，它们涌向海湾内和海港时所形成的破坏性海浪称为海啸。海啸在水深的外海波浪起伏小，但到达岸边浅水区时，巨大的能量使波浪骤然升高，形成高达数十米的"水墙"，冲上陆地，可以将沿海地带淹没，对生命和财产造成严重摧残。

2004 年 12 月，印度尼西亚苏门答腊岛附近海域发生里氏 9 级地震并引发海啸，造成印度洋沿岸（包括印度尼西亚、泰国、印度等国）各国人民生命和财产的重大损失，海啸遇难者总人数超过 29.2 万。

海冰

海冰灾害是指海洋中出现的严重冰封。海冰素有"白色杀手"之称，在冰情严重的区域或异常严寒的冬季往往出现严重的冰封现象，使沿海港口和航道封冻，给沿海经济及人民生命财产安全造成危害。

灾害性海浪

灾害性海浪是海洋中由风产生的具有灾害性破坏的波浪。海浪是海上航行的克星，无论是设备不足的古代还是航行条件完善的现代，巨大的海浪都能将船只击沉。它还能摧毁海洋工程和海岸工程，给海上航行、海上施工、海上军事活动和渔业捕捞带来灾难。

气候变暖

由于人类活动的影响，21世纪温室气体浓度增加很快，使未来100年全球温度迅速上升。全球气温不断升高，将导致自然灾害加剧，促使两极地区冰川融化，海平面升高，许多沿海城市、岛屿或低洼地区将面临海水上涨的威胁，甚至被海水吞没。

温室效应

导致全球变暖的主要原因是温室效应。温室效应主要是由于现代工业化社会过多燃烧煤炭、石油和天然气，这些燃料燃烧后放出大量的二氧化碳气体进入大气造成的。由于这些温室气体对来自太阳辐射的可见光具有高度的透过性，而对地球反射出来的红外线等长波辐射具有高度的吸收性，这些温室气体把温度留在了地球。

海洋酸化

工业革命以来，人类活动排放到大气中的二氧化碳被海洋稳定吸收，作为海洋中进行光合作用的主力，浮游植物的门类众多、生理结构多样，对海水中不同形式碳的利用能力也不同。海洋酸化会改变物种间竞争的条件，众多海洋生物因此面临生存威胁。此外，过量的二氧化碳在海水中溶解所形成的碳酸会腐蚀和损害海洋生物的贝壳和骨骼，对海洋生物造成危害。

南极冰山融化的危害

    随着全球变暖的加剧，南极冰架崩裂，冰雪正以每年152立方千米的速度融化，导致世界海平面每年约上升0.4毫米。冰川融化不仅导致世界海平面上升，淹没沿海的低地，影响到沿海地区人们的生产和生活，而且将威胁海洋里大小生物的生存——南极的鲸、海豹以及企鹅等动物将面临一场灭顶之灾。尤其是南极阿德利企鹅，按照目前的融冰速度，到2100年将会从地球上消失。

拓展　　**威尼斯水城会消失吗**

    威尼斯是一座由宫殿、教堂、钟楼、博物馆、商店堆砌起来的城市，唯美浪漫的风景使威尼斯成为电影拍摄的宠儿。全球变暖的今天，水却成了威尼斯最大的麻烦和对手。虽然威尼斯的居民对海潮上涨的现象早已习以为常，但数十年后，这里就可能只留存在游客的回忆中了。

节能减排从我做起

    缓解全球变暖，每个人都可以有所贡献，其中一些只是举手之劳：第一，节约电能。要注意随手关灯，可以使用高效节能灯泡。第二，节约用纸。纸张的循环再利用，可以避免从垃圾填埋地释放出来的沼气，还能少砍伐树木。第三，减少废气排放。交通废气和工业废气是生活废气的主要来源，我们出门尽量乘坐公共汽车或骑自行车。

赤潮

　　生活污水、工业废水和农牧业排水中含有大量有机物质，它们被排入海洋中，营养物质在水体中富集造成海域富营养化，使得浮游生物大量繁殖，从而会消耗大量水中的溶解氧，造成海水缺氧，最终导致海洋中生物大量死亡，鱼虾绝迹，海洋变成臭气难闻的"死海"。美国和日本曾是世界上赤潮严重的两个国家。近年来中国近海赤潮发生次数也呈明显增加趋势。

应对方法

　　一旦发生赤潮灾害，要组织渔民采取有效措施尽快恢复生产，减少损失，切实保障渔民正常生产生活秩序和社会安宁稳定。卫生、工商和旅游等部门要共同配合，做好赤潮影响区域的渔业生产和水产品流通监管等工作。旅游部门要及时关闭受赤潮影响的海水浴场和滨海旅游度假区，以保障游客安全。

富营养化是赤潮的元凶

　　形成赤潮的生物种类，大多数是那些直径仅为千分之几毫米的浮游生物。水体富营养化导致藻类等过量生长，产生大量的有机物，促使浮游生物急剧增殖，一夜之间就可覆盖大量海域，使海水中的氧气急剧下降，鱼虾和其他浮游生物也因此死亡、腐烂，甚至产生硫化氢等有害物质。

红色幽灵

　　赤潮又称红潮，是海洋因浮游生物的兴盛，海水呈现一片铁锈红色而得名。赤潮被喻为"红色幽灵"，但赤潮并不一定都是红色的，赤潮的颜色主要由引起赤潮的海洋浮游生物的种类所决定的，不同的浮游生物会导致水体呈现不同的颜色，比如绿色、黄褐色和棕色等。

近年来中国的赤潮灾害

　　中国赤潮多发区集中于近岸海域。渤海滨海平原地区因赤潮灾害导致海水入侵和土壤严重盐渍化，赤潮灾害也使中国砂质海岸和粉砂淤泥质海岸受到严重侵蚀。

拓展　**石油污染的生物降解——超级嗜油工程菌**

墨西哥湾发生漏油事故之后，超级嗜油工程菌是战胜这场生态灾难的"活武器"。这种嗜油菌加快吃油步伐，是战胜漏油的超级细菌。

石油污染

　　石油污染来源于海上油船漏油、油船事故、海底油田开采溢漏、含油废水排放等。最恶劣的后果就是石油污染物在鱼虾贝类等可供食用的海洋生物体内积蓄，人类长期食用会危害身体健康。2010年墨西哥湾漏油事件是美国最严重的油污大灾难，2011年渤海湾"康菲中国"石油泄漏事件引起大面积海域严重缺氧。

威胁海洋生物的"杀手"

　　浩瀚的大海一旦被石油污染，油层将海面与空气隔绝，导致大批海洋生物因为缺氧、中毒而死亡；而化学农药、重金属污染海水后，通过食物链富集，给海洋生物及人类造成严重的威胁。这些污染可直接威胁海洋生物的生存，或者通过食物链富集最终威胁人类的健康，成为威胁海洋生物及人类的无形"杀手"。

重金属污染

　　污染海洋的重金属元素主要有汞、镉、铅、锌、铬、铜等，主要是由工业废水和农业中的农药等造成的。重金属在海洋中被生物吸收，通过食物链一级级地传递、积累，最后导致鱼体内含有大量汞、铅等，而最终承受污染之害的就是食用这些鱼类的人类。

农药污染

农药也是海洋污染的重要来源，对海洋的危害类似于重金属污染。农药的毒性都很强，它们经过雨水的冲刷、河流及大气的搬运最终进入海洋，不仅会抑制海藻的光合作用，使鱼虾贝类的繁殖力衰退，降低海洋生产力，导致海洋生态失调，还能通过鱼虾贝类等海产品进入人体，导致人体患上严重的疾病。

拓展　　"不知火海"的怪病

1956年，日本"不知火海"的水俣湾附近出现了一种奇怪的病，这种病症最初出现在猫身上，病猫步态不稳，抽搐、麻痹，甚至跳海死去。随后，在当地居民中也出现了同样的症状，称为"水俣病"。"水俣病"实际上是有机汞中毒，是世界上最早出现的由于工业废水排放污染造成的公害病。

污染物在食物链中的放大作用

生物放大作用就是有毒的化学物质通过食物链向后传递时，会逐级增加，越在食物链后端的生物，体内积累的毒素越多，也就是生物富集作用。
人在食物链的最末端，当然受到的危害最大。

海洋污染

　　海洋污染通常是指由于人类活动，改变了海洋原本的状态，使海洋生态系统遭到破坏。海洋污染会损害海洋生物资源、危害人类健康、妨碍海洋活动（包括渔业）、损坏海水和海洋环境质量等。海洋主要的污染源有石油污染、化学农药污染、重金属污染、废水污染、核污染、海洋垃圾等。中国海洋污染形势严峻，近岸海域生态系统情况日益恶化，主要分布在渤海湾、辽东湾、长江口、杭州湾和珠江口海域。

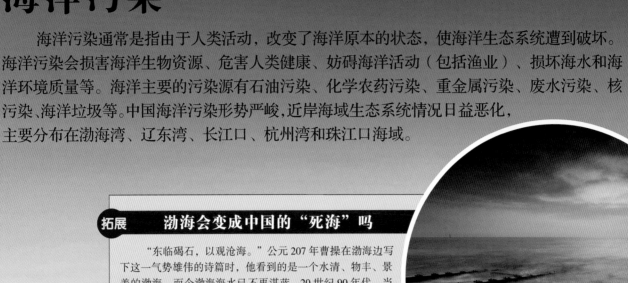

拓展　　渤海会变成中国的"死海"吗

　　"东临碣石，以观沧海。"公元 207 年曹操在渤海边写下这一气势雄伟的诗篇时，他看到的是一个水清、物丰、景美的渤海。而今渤海海水已不再湛蓝。20 世纪 90 年代，当环渤海省份的经济开始快速发展时，渤海遭到了空前的污染，变成了"纳污池"和"垃圾场"。如果再不采取治理措施，渤海变成中国"死海"的噩梦将会成为现实。

核污染

　　核污染是指核物质泄漏后的遗留物对环境的破坏，除了包括核辐射、原子尘埃等本身引起的污染，还包括这些物质对环境污染后带来的次生污染，比如被核物质污染的水源对人畜的伤害。核污染危害范围大，对周围生物破坏极为严重，持续时期长且事后处理棘手。苏联和日本均发生过此类污染，其中以切尔诺贝利核电站事故最为严重。目前，中国没有受到核污染。

废水污染

　　废水是指从住宅或者工业区等地排放的与地下水、地表水、暴风雪等混合的携带有废物的液体。其中，工业引起的水体污染最严重，工业废水大部分直接流入渠道、江河、湖泊，污染地表水，如果毒性较大会导致水生动植物的死亡，甚至绝迹。另外一小部分渗透到地下，污染地下水。

毛蚶大闹上海滩

　　1988 年 1 月初，上海市发现大批腹泻病人，流行病学调查迅速查明与生食毛蚶有关。毛蚶体内富集甲肝病毒，毛蚶的甲肝病毒是生活污水（粪便、泔水等）和工业污水对海洋环境污染所造成的。人类制造的污染，在残害海洋生物之后，就会回过头来危害人类自己。

海洋垃圾

　　你知道吗？在太平洋海面漂浮着全球最大的"垃圾岛"，面积达 300 多万平方千米，甚至超过了印度的国土面积。各种各样的人造物品，如塑料袋、气球、浮标、绳子、医疗废弃物、玻璃瓶、塑料瓶、饮料罐、渔网等，都可能成为海洋垃圾，增强海洋环保意识，共同呵护我们的"蓝色家园"，刻不容缓。

海洋"报复"

海水入侵、海岸侵蚀、土壤盐渍化和咸潮等都是大海的报复。我们文明时代的标志是能够生产出很多高精尖的产品来满足人类的需要，但人类也在野蛮地生产出大量污染大海的产品和副产品，伤害了大海，实际上是伤害了人类自己。面对大海的报复，我们应该反思。

渤海吞食三角洲

年轻的黄河三角洲是一块不断生长的土地，如今，这块"年轻土地"却正在被渤海"吞食"。黄河三角洲"制造"新大陆的速度，与黄河来沙量和来水量关系密切，因此，要加强黄河流域生态环境治理，减少黄河断流，给母亲河创造一个良好的生存环境。

合理的围海造陆

围海造陆是通过填海增加陆地来发展国民经济的一项重要措施，但是，过度的围海造陆会将蜿蜒曲折的海岸线"拉直"，甚至使成片的红树林、滩涂等自然湿地惨遭破坏。所以对于围海造陆既不能一概反对，也不能放任自流、盲目围垦，要考虑合理利用自然资源。围海造陆的同时千万不可忽略对海洋以及陆地环境的保护。

拓展 为什么大连要建"地下长城"

　　大连市海水入侵的原因有人们对地下水的过度开采，也有大连常年缺雨的自然现象的影响，为了抵御悄然侵入的海水，大连已经率先吹响了建"地下长城"的号角，旅顺的龙河、三涧堡地区正采取建设地下水坝的办法，以阻截海水入侵。

海水入侵

　　海水入侵源于人为超量开采地下水造成水动力平衡的破坏。海水入侵使灌溉地下水水质变咸，土壤盐渍化，灌溉机井报废，导致水田面积减少，旱田面积增加。中国先后在山东半岛和大连市、秦皇岛市、天津市、北海市等地区发现海水入侵，环渤海地区最为严重，山东省又是其中受影响最大的省份。

海岸侵蚀

　　引起海岸侵蚀的原因有两种：一是由于自然原因，如河流改道；二是人为原因，如拦河坝的建造、滩涂围垦、大量开采海滩沙，滥伐红树林，以及不适当的海岸工程设置等。中国海岸侵蚀的问题日趋严重，如上海市崇明东滩南侧粉砂淤泥质岸段，平均侵蚀速度为 22.1 米 / 年。

海洋生态保护

生物圈是指地球上的生物及其生存环境的总称。它包含了岩石圈的表面、水圈的大部和大气圈的底部，"三个圈"内有一个失去平衡都会带来灾难性恶果。随着海洋开发的深入，海洋污染、过度捕捞、围海造陆、海水养殖以及乱砍滥伐红树林等活动使许多海洋生物面临灭亡，导致海洋生态系统遭到破坏，并且危及人类健康。海洋与生物圈的关系极为密切，与人类生存息息相关，我们必须想尽办法挽救和保护它，保护海洋环境的生态平衡就是保护人类赖以生存的生物圈。

合理开发海洋资源

中国海洋资源十分丰富，海洋为人类的生存和发展提供了广阔的前景。如果不能合理地开发利用海洋资源，将对海洋环境和生态系统产生严重影响，最终祸及人类自己。建立合理的海洋生物资源开发体系和良性循环的海洋生态系统，是海洋资源与环境可持续发展的首要前提。

禁止过度捕捞

为了让海洋中的鱼类有充足的繁殖和生长时间，每年在规定的时间内，禁止任何人在规定的海域内捕鱼，对鱼类的生长起到了很好的保护作用。另外还有禁渔区，主要是繁殖场或越冬场等，那是常年不允许捕捞的。

渤海碧海行动计划

渤海碧海行动计划的核心，是关停环渤海区域的不达标排放企业，采取建污水处理厂等环保措施，大力削减陆源污染物排放入海。然而，渤海污染仍在加剧，生态仍在恶化。赤潮频繁出现，重大污染事故时有发生。一边是治理渤海污染，一边是污染和生态破坏。治理非常艰难，治理速度无法赶上污染的速度。

海洋生物修复技术

海洋生物修复技术需要加大海洋生态保护和修复力度，包括加强海洋濒危物种保护和外来入侵物种防范管理，建设海洋水生生物自然保护区和海洋水产种植资源保护区；保护与修复滨海湿地、盐沼、红树林、珊瑚礁和海草床等重要海洋生态系统等。

建造海藻场

通过移栽大量海藻，建设大型海藻场，为各种海洋生物提供一个温暖的繁殖场所。海藻场可以为多种门类的海洋生物提供隐蔽、避敌、索饵、产卵及着生基质，从而形成生机蓬勃、稳定变化的生态系统。重建海藻场，可以修复生态系统。

图书在版编目（CIP）数据

探寻海洋资源 / 金翔龙，陆儒德主编 . — 北京：中译出版社，2016.5
（走进海洋世界）
ISBN 978-7-5001-4745-9

Ⅰ . ①探… Ⅱ . ①金… ②陆… Ⅲ . ①海洋—普及读物 Ⅳ . ① P7-49

中国版本图书馆 CIP 数据核字 (2016) 第 085131 号

走进海洋世界

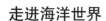

探寻海洋资源

出版发行：中译出版社
地　　址：北京市西城区车公庄大街甲 4 号物华大厦 6 层
电　　话：（010）68359376　68359303　68359101
邮　　编：100044
传　　真：（010）68357870
电子邮箱：book@ctph.com.cn
策划编辑：吴良柱　姜　军
责任编辑：姜　军　郭宇佳　顾客强　刘全银
封面设计：吴　闲
印　　刷：北京新华印刷有限公司
经　　销：新华书店
规　　格：889 毫米 ×1194 毫米　1/16
印　　张：9
字　　数：163 千字
版　　次：2016 年 6 月第 1 版
印　　次：2016 年 6 月第 1 次

ISBN 978-7-5001-4745-9　　　定价：88.00 元